低产棉田
改种玉米
增效技术

DICHAN MIANTIAN
GAI ZHONG YUMI ZENG XIAO JISHU

高广金◎主编

长江出版传媒 ⓚ 湖北科学技术出版社

图书在版编目（CIP）数据

低产棉田改种玉米增效技术/高广金主编.
—武汉：湖北科学技术出版社，2015.3
ISBN 978-7-5352-7564-6

Ⅰ.①低… Ⅱ.①高… Ⅲ.①棉田-玉米-栽培技术
Ⅳ.①S513

中国版本图书馆 CIP 数据核字（2015）第 053090 号

责任编辑：黄主梅   封面设计：戴 旻

出版发行：湖北科学技术出版社   电   话：027-87679468
地   址：武汉市雄楚大街 268 号   邮   编：430070
         （湖北出版文化城 B 座 13-14 层）
网   址：http://www.hbstp.com.cn

印   刷：湖北知音印务有限公司   邮   编：430070

880×1230   1/32   7.25 印张   143 千字
2015 年 3 月第 1 版   2015 年 3 月第 1 次印刷
                                    定   价：18.00 元

《低产棉田改种玉米增效技术》
编 委 会

内容简介

本书针对国家棉花产销政策的改革与调整，低产棉田种植棉花效益降低的问题，提出了转方式、调结构、改种玉米的新路径，比较系统地阐述了国内外棉花、玉米产销信息，玉米不同品种种植方式的栽培技术，玉米与粮经作物连作套种高效种植模式，提高耕地产出效率，促进农民增产增收。

本书围绕市场调整种植结构，服务棉区因地制宜发展玉米生产，从普及玉米基础知识、市场信息、优良品种、栽培技术入手，较全面地介绍了春玉米、夏玉米、秋玉米、鲜食甜（糯）玉米，以及玉米机械化生产技术，高产高效典型经验，可供作基层广大农业科技人员、新型职业农民、农资经销商培训教材。

前　言

　　棉花是湖北省的优势高效经济作物，湖北省是全国的重要棉花生产基地，棉农为国家提供商品棉花做出了重要贡献，但随着国际市场棉花供求关系的变化，价格下调，国内棉花库存逐年增多，临时收储的高价棉花形成了国家财政负担不起、棉纺织企业用不起、棉花收购企业库存积压不起的局面。为解决这一难题，国家通过深化改革，实行目标价格政策，市场价格低于目标价格时，由国家对棉农进行补贴。国家重点支持新疆发展棉花生产，对内地9个棉花主产省按新疆补贴标准的60%，每吨皮棉最高补贴2 000元，折合籽棉每千克补贴0.76元左右。

　　2014年10-11月棉农出售的籽棉价格每千克只有5.4～6.2元，平均不到6元，比上年同期低2.2元，大多数棉农植棉的经济效益扣除人工成本都成负数，尤其是分散低产棉区更为突出。棉区干群正在思考调减棉花，但是对调减的棉田种植什么作物都很茫然。

　　综合各地前些年棉田调整后种植玉米、水稻、大豆、花生、芝麻、蔬菜等经验，仍然是以发展玉米生产为主。玉米相对其他作物在种植、管理、收获比较轻简化，多数地方可以推广全程机械化生产，有利于实行规模经营，进而可以促进土地流转，发展家庭农场、种植大户，培育新型职业农民。

书中引用了有关科研和企业、事业单位专家的著作或论文，在此一并表示衷心的感谢！对引用文献没有说明的表示诚挚的歉意，并请各位专家谅解。

由于我们水平有限，时间仓促，不当之处在所难免，敬请广大读者朋友批评指正。

编　者
2015 年1月

目　录

第一章 国内外棉花供需形势

近年来，全球棉花生产连续丰收，库存量逐年增多，价格下跌，市场疲软；中国棉花虽然种植面积调减，总产量有所下降，但是由于进口数量增加，纺织企业用棉数量降低，因而出现棉花库存量逐年上升，到2013年底已超过1 000万吨，占全球棉花库存量的60%左右，其中90%为国家临时收储的高价位棉花。为此，从2014年起，国家开始进行改革，实行目标价格政策，重点保护新疆棉区发展，对内地植棉农民收入影响很大，棉田调整大势所趋，迫在眉睫。

本章着重分析了国内外棉花生产、需求、贸易、库存数量，以湖北省为例的棉花生产效益及棉粮比较效益。

第一节 全球棉花产销现状

自1990年以来，全球棉花生产贸易、消费和库存数量均呈小幅波动上升，生产大于消费，库存逐年增多。

一、全球棉花生产数量

自2000年以来，全球棉花种植面积基本稳定在4.5亿亩（1亩≈667平方米，下同）以上，年际之间有波动。2001年种植面积上升到5.22亿亩，总产量2 108万吨；2002年下降为

4.64亿亩，总产量降为1 889万吨；2003年开始恢复性增加，2004 年发展到5.28亿亩，总产量达2 453万吨；随后又下降，2009 年降为最低谷，面积减少到4.52亿亩，总产量降到2 090万吨；2010年再次恢复生产，2012年达到最高峰，种植面积5.37亿亩，总产量2 722万吨（表1-1）。

表1-1 2000-2013年世界棉花收获面积和产量

年份	面积（亿亩）	单产（千克/亩）	总产（万吨）	年份	面积（亿亩）	单产（千克/亩）	总产（万吨）
2000	4.77	40.4	1851	2007	5.01	52.9	2507
2001	5.22	42.5	2108	2008	4.64	50.9	2249
2002	4.64	42.9	1889	2009	4.52	49.2	2090
2003	4.7	43.5	1947	2010	4.82	50.5	2372
2004	5.28	49.4	2433	2011	5.34	50.7	2610
2005	5.25	48.7	2448	2012	5.37	50.7	2722
2006	6.82	51.3	2445	2013	5.15	51.1	2635

资料来源：《世界农业》2014（4）：19-22，世界棉花生产现状。

种植面积最大的国家是印度，2011年为1.83亿亩，总产量598 万吨；中国种植面积0.76亿亩，居第二位，总产量658万吨，居第一位；美国种植面积0.59亿亩，总产量341万吨，均居第三位；巴基斯坦种植面积0.43亿亩，总产量231万吨，居第四位（表1-2）。

表1-2 1928-2011年棉花主产国生产数量表

单位：万亩、千克/亩、万吨

年份	中国			印度			美国		
	面积	单产	总产	面积	单产	总产	面积	单产	总产
1928			59.0			104.9			313.9
1930			56.7			94.8			302.1
1940			51.0			110.4			272.5
1950			69.3			59.3			217.1
1960			106.3			97.1			310.7
1970			227.7			95.4			221.9
1980			270.7			130.0			242.2
2000	6088.2	72.6	442.0	8848.9	18.5	164.0	7923.7	47.2	374.0
2001	7241.4	73.5	532.0	8306.2	20.5	170.0	8392.4	52.7	442.0
2002	6054.1	81.3	492.0	7325.6	20.1	147.0	7540.2	49.7	375.0
2003	7454.0	65.2	486.0	8759.4	26.6	233.0	7280.0	54.5	397.0
2004	8479.4	74.5	632.0	8885.4	31.4	279.0	7922.8	63.9	506.0
2005	7409.2	77.1	571.0	10117.8	31.1	315.0	8378.1	62.1	520.0
2006	7794.5	86.6	675.0	11148.6	34.5	385.0	7401.3	60.8	450.0
2007	8799.1	86.6	762.0	11913.4	36.9	440.0	6365.5	65.7	418.0
2008	8504.9	88.1	749.0	10870.0	34.9	379.0	4593.9	60.7	279.0
2009	7277.6	87.7	638.0	12137.2	33.5	407.0	4563.7	58.1	265.0
2010	7079.1	84.3	597.0	16569.8	34.4	570.0	6494.5	60.7	394.0
2011	7393.3	89.0	658.0	18268.8	32.7	598.0	5773.1	59.1	341.0

资料来源：《世界经济统计摘要》《世界农业》2014（4）：19-22，世界棉花生产现状。

二、全球棉花消费及库存数量

（一）棉花消费

近20多年来，中国棉花消费数量逐年上升，由1990年的830.24万吨，增加到2011年的2 450.2万吨，2012年下降为2 239.6万吨，2014年有所恢复，达2 377万吨。

（二）棉花贸易

近20多年来，中国棉花进口数量呈现小幅波动上升，1990年为597万吨，1998年降到最低值为244.7万吨，2005年上升为434.1万吨，2012年上升为980万吨，2013年达1 003.8万吨。

（三）棉花库存

棉花库存数量与生产量和消费量密切相关。1990年库存量为245.7万吨，1999年增加到521.7万吨，2010年为1 431.1万吨，2012 年上升到1 675.8万吨，2014年达2 032万吨，库存量的增幅远远高于生产、消费的增长幅度，表明棉花产大于需，出现生产过剩。全球棉花市场已连续5年供过于求。

第二节　中国棉花产销形势

中国是棉花生产大国、消费大国、进口大国、加工产品出口大国。但棉花生产随市场需求数量的增加而扩大生产规模，出现供大于求时，又及时调整生产数量，自1980年以来出现过4次波动，近10年来棉花生产数量基本稳定，加之进口增多，库存量也在不断增加。

一、中国棉花生产数量

1984年以前，中国棉花处于供不应求的局面。为保障市场
供给，一方面加大国内生产力度，另一方面每年还进口一定数
量，保市场供给。1980年棉花总产量为270.7万吨，全国人均
产量2.8千克，进口棉花88.5万吨；1984年棉花总产量达到
625.8万吨，人均产量5.9千克，转为出口棉花18.9万吨；随后出
现了4次波动，1986年降为354万吨，1991年恢复性增长为
567.5万吨，1993年降为373.9万吨，1997年略有增加为460.3
万吨，1999年再次降为382.9万吨，2004年恢复性增长达到超
历史的632万吨，2007年创最高纪录，总产量达762.4万吨，
2010 年降为596.1万吨，2011年为658.9万吨，2013年降为
629.9万吨（表1-3）。

表1-3 中国棉花生产、进出口及人均数量

年份	种植面积（万亩）	生产量（万吨）	需求量（万吨）	进口量（万吨）	出口量（万吨）	全国人均产量（千克/人）
1980	7381	270.7		88.5	0.9	2.8
1984		625.8		4.0	18.9	5.9
1990	8382	450.8		42.0	16.7	3.9
1991	9808	567.5	421.7	37.0	20.0	4.8
1992	10253	450.8	492.8	28.0	14.5	3.8
1993	7478	373.9	499.2	1.0	15.0	3.1
1994	8292	434.0	442.0	52.6	11.1	3.6
1995	8132	476.8	404.5	74.0	2.2	3.9
1996	7083	420.0	412.3	6.5	0.4	3.4
1997	6737	460.3	289.4	78.3	0.1	3.7

年份	种植面积 （万亩）	生产量 （万吨）	需求量 （万吨）	进口量 （万吨）	出口量 （万吨）	全国人均产量 （千克/人）
1998	6690	450.1	387.4	20.9	4.5	3.6
1999	5589	382.9	460.4	5.0	23.6	3.1
2000	6062	441.7	518.8	4.7	29.2	3.5
2001	7215	532.4	582.3	6.0	5.2	4.2
2002	6276	491.6	659.8	18.0	15.0	3.8
2003	7666	486.0	674.2	87.0	11.2	3.8
2004	8540	632.0	871.5	191.0	0.9	4.9
2005	7593	571.4	1032.0	257.0	0.5	4.4
2006	8724	753.3	1166.7	364.0	1.3	5.2
2007	8889	762.4	1111.6	246.0	2.1	5.8
2008	8631	749.2	989.6	211.0	1.6	5.7
2009	7428	637.7	1041.0	153.0	0.8	4.8
2010	7273	596.1	926.0	284.0	0.6	4.5
2011	7557	658.9	802.2	336.0	2.6	4.9
2012	7032	683.6		513.0	1.8	5.1
2013	6518	629.9		439.0		4.6

数据来源：《中国统计年鉴2014》。

棉花生产除新疆逐年持续发展外，内地河北、河南、山东、安徽、江苏、湖北、湖南等省都是逐年调减的，其中山东、江苏、河南、河北、安徽调减力度较大（表1-4）。

表1-4 主产省（区）棉花种植面积调整表 单位：万亩

年份	全国	河北	江苏	安徽	山东	河南	湖北	湖南	新疆
1976	7393.8	855.3	881.2	499.8	962.8	912.1	884.1	275.3	212.3
1980	7380.5	823.1	946.0	485.2	1105.4	940.0	887.5	269.4	271.8
1990	8382.2	1366.4	858.2	439.7	2113.8	1234.5	683.9	177.8	652.8
1995	8132.1	1050.8	847.4	664.8	999.5	1500.2	753.0	278.0	1114.4
2000	6062.3	461.1	443.0	462.6	853.1	1169.0	477.2	219.0	1518.5
2005	7592.9	860.3	552.5	563.6	1269.5	1172.4	585.5	226.4	1740.8
2010	7273.1	872.4	353.6	516.6	1149.6	701.0	720.2	262.5	2190.9
2011	7556.7	948.8	358.8	525.6	1128.9	595.1	733.1	288.6	2457.2
2012	7032.2	867.5	255.9	457.4	1034.9	385.1	709.4	258.3	2581.2
2013	6518.4	724.5	232.8	427.7	1009.2	280.1	623.4	239.6	2577.5

数据来源：中国农业统计资料。

二、中国棉花消费数量

我国棉花消费量的90%以上用于纺织。我国纺织产业投资规模、纺织品服装生产和出口，1994年成为世界第一大国。加入WTO后，纺织品出口快速增长，到2010年末，全国拥有细纱1.2亿锭，纺纱和织造能力均为世界第一。2005—2009年纺织工业纤维加工品对棉花的使用量一直稳定在1 000万吨/年左右，最高年份是2006年达1166.7万吨，2010年降为926万吨，2011—2014年稳定在800万吨左右。

三、中国棉花进口数量

从2003年开始，由于纺织品产量和出口数量逐年增加，带动纺织用棉不断增加，最终导致国内棉花产不足需，从而拉动棉花进口。2003年进口87万吨，2004年进口191万吨，2005年进口257万吨，2006年进口量上升为364万吨，2012年进口棉花数量达513万吨，进口棉纱131.3万吨；2013年进口棉花439.6万吨，进口棉纱194.4万吨。

四、中国棉花库存数量

自2010年以来，虽然国内棉花稳定增产，但由于价格、质量等原因，进口数量却逐年增多，造成棉花库存量高风险增长。2013年库存量达960万吨，库存与消费比达116%。截至2014年3月，我国棉花储备量约为1 270万吨，远超出国家每年200万吨的正常储备能力。大多数库存棉花都在露天存放，不但造成棉花品质下降，而且增大了安全压力。更为突出的是占压了大量资金。

五、中国棉花购销政策

在棉花短缺时期，国家采取统购统销。1999年进行流通体制改革，使棉花的收购价格、销售价格主要由市场形成，国家不再作统一规定。国家主要通过储备调节和进出口调节等经济手段调控棉花市场，防止棉花价格大起大落。

（一）新中国成立初期对棉花生产奖励政策

从1950年起，国家采取一系列奖励植棉的政策和措施。制定了棉粮比价政策，保证种棉花比种粮食有较高的经济效益；规定了棉田粮田同等负担，棉田以棉花抵交公粮；制定了棉花分级标准和优质优价的政策，鼓励棉农提高棉花质量；棉花收购部门与棉农订立棉花预购合同，预付一定比例的预购定金，折实供应粮食、煤炭、肥料等。帮助棉农解决生产和生活资料困难，促进棉农响应"爱国爱家、多种棉花"的号召。

1959—1961年国民经济严重困难时期，棉花生产严重受挫。为扭转棉花生产严重下降的局面，解决人民穿衣问题，1962年12月，国务院召开第一次全国棉花集中产区县级干部会议，中共中央、国务院联合发出《发展棉花生产的决定》，重新确定各项促进棉花增产的经济政策：保证棉农口粮标准不低于临近粮产区生产队的口粮标准；调整棉价，提高棉花收购价格10%；恢复棉花预购合同，发放15%～20%的预购定金（1964年增至20%～25%）；每收购50千克皮棉，奖售粮食7.5千克，化肥35千克，布票20尺。

（二）1978年制定鼓励棉花生产政策

1963—1966年，国务院每年召开一次全国集中产棉县领导会议，随后农业部每年召开棉花生产工作会议，但是棉花生产发展仍然很慢。1966—1977年全国棉花总产量一直在220万吨上下徘徊。1978年国家又制定了发展棉花生产的鼓励政策，提高棉花收购价格10%，1979年又提价15%，北方棉花另外增加25%的价外补贴；同时以1976—1978年三年

平均收购数为基数，超过基数的棉花，再加价30%收购；1980年国务院决定再次提高棉花收购价10%，并拿出48万吨粮食补助缺粮棉区棉农口粮，增加进口尿素100万吨，支持棉花产区发展粮食生产；1981年实行棉粮挂钩政策，以1980年的棉花收购数为基数，每超购1千克棉花奖售2千克粮食；1982年每交售100千克皮棉，奖售化肥70千克。1979—1984年棉花连续增产丰收，由棉花进口国转为出口国，1985年开始采取调控生产措施，有计划调减植棉面积，取消奖励政策。

（三）进口配额加关税调节政策

加入WTO后，我国每年按1%关税进口棉花配额89.4万吨，2004年后超配额大量进口棉花。为保护国内棉农的收益，同时又满足国内纺织企业的用棉需求，我国政府从2005年5月1日起，对超配额进口的棉花实行滑准税制度，按5%～40%关税，进口棉价远高于国内棉价，从而抑制了棉花大量进口。

（四）临时收储棉花调节政策

由于2010年国际棉花市场价格的大幅度上涨波动，皮棉由2010年9月的18 000元/吨，上涨至11月的31 302元/吨，2011年3月又急转直下跌至8月中旬的19 000元/吨左右。为稳定棉价，保证棉农收益，提高棉农种植棉花积极性，从2011年9月8日起，政府制定启动了棉花临时收储政策，由中国储备棉管理总公司以标准级棉花19 000元/吨收储。随着生产成本特别是人工成本的快速提高，2012—2013年收储价格上调至20 400元/吨（表1-5），维持至2013—2014年。

表1-5　1991-2012年中国棉花生产成本、棉价与化纤价格表

年份	棉花生产成本 （元／亩）	国内棉价 （元／吨）	同期化纤价格 （元／吨）
1991	263.7	14273	6000
1992	313.4	10864	7500
1993	381.3	9934	10856
1994	439.9	12155	11800
1995	535.6	17100	19000
1996	589.9	16430	12000
1997	753.8	16024	8685
1998	917.6	12020	7646
1999	730.5	10842	7479
2000	611.4	12248	8826
2001	603.3	8638	9600
2002	571.6	12008	9480
2003	622.9	16419	10770
2004	965.4	11280	11880
2005	641.4	14168	12000
2006	805.7	14024	11580
2007	902.3	13706	11900
2008	954.3	12335	8190
2009	960.7	15906	9520
2010	1236.0	26330	14640
2011	1444.4	19801	13175
2012	1340.2	19322	

数据来源：中国棉花网（http://www.cncotton.com）。

2012—2014年累计收储棉花1 595万吨（2011年313万吨，2012年651万吨，2013年631万吨），挤占中央财政资金3 235亿元，高价位的储备棉花投放市场每吨亏损2 000多元。国储棉比进口棉价格高5 000元/吨左右，形成了财政负担不起、纺织企业用不起、棉花收储企业库存不起的局面。

（五）市场目标价格补贴政策

从2014年新棉上市开始，实行目标价格政策，棉农种植的棉花随行就市，价格由市场决定，市场价格低于目标价格时，由国家对棉农进行补贴。重点支持新疆发展棉花生产，新疆棉花目标价格按19 800元/吨，市场价低多少国家财政补多少。对内地9个主产棉花省，2014年每吨皮棉只补2 000元，换算成籽棉每千克补0.76元左右。2014年10–11月农民在市场出售的籽棉价格在5.4～6.2元/千克，加上国家补贴0.76元/千克，比上年同期仍然低1.6元/千克左右，因价格降低，棉农每亩减收700元左右。

第三节　湖北省棉花生产情况

湖北是全国棉花主产省之一，2013年种植面积、总产量居全国第四位，单产居主产省第二位（新疆第一位），种植区域比较集中，农民植棉科技水平、棉花品质都比较高，棉农植棉的现金收入比其他同季作物高。

一、棉花生产在波动中下降

(一) 棉花面积

湖北省植棉面积历史最高的年份是1967年，达951.44万亩。自1978年以来，棉花种植面积经过了3次大的调整。1978年棉花面积保持在889.79万亩，1985年下调为697.46万亩，1995年恢复到753.05万亩，随后一路下滑至2002年的429.6万亩，2008年再次恢复到814.44万亩，然后又下降至2013年623.39万亩、2014年517.21万亩，预计2015年调整的力度更大一些，这一次波动下调可能持续的时间更长，恢复种植面积不会太大。根据这一预判，棉产区要积极做好稳定高产棉田，依靠科技创新保面积，提质量，增效益；调减低产棉田，改种粮、油、菜、果等作物，推广机械化、轻简化、规模化，提高生产效率，促进农民增收。

(二) 棉花产量

湖北省棉花总产量历史最高的年份是1992年，达60.99万吨，年际之间波动与种植面积及气候条件密切相关。1978年总产量36.67万吨，1980年遇雨涝灾害降为31.63万吨，1995年上升到58.60万吨，1999年降至近30多年来最低值28.15万吨，随后恢复性增长至2007年55.73万吨，2013年再次下降为45.97万吨，2014年为35.95万吨（表1-6）。

表1-6　湖北省棉花生产统计表

年份	面积 （万亩）	单产 （千克/亩）	总产 （万吨）	年份	面积 （万亩）	单产 （千克/亩）	总产 （万吨）
历史 最高	951.4 1967年	81 1997年	60.99 1992年	2002	429.6	75	32.26
				2003	532.5	61	32.50
1978	889.8	41	36.67	2004	612.4	65	39.54
1980	887.5	36	31.63	2005	585.5	64	37.50
1985	697.5	71	49.22	2006	744.6	74	55.20
1990	683.9	76	51.73	2007	771.3	72	55.73
1995	753.1	78	58.60	2008	814.4	63	51.30
1996	711.6	60	43.01	2009	690.1	70	48.05
1997	720.8	81	58.09	2010	720.1	66	47.18
1998	647.4	50	32.50	2011	733.0	72	52.58
1999	466.1	60	28.15	2012	709.3	75	53.15
2000	477.1	64	30.43	2013	623.4	74	45.97

数据来源：湖北农村统计年鉴。

二、棉花产值相对比较高

棉花属于经济作物，春季播种，秋季收获，在同季农作物中生育期相对比较长，单位面积产值、现金收入相对比较高。

（一）棉花产出效益

棉花随市场供求变化，国家不断调整购销政策，棉花生产效益主要受国家政策调控，其次是自然灾害影响。根据湖北省种植业产品生产成本效益调查统计，1990—1997年，棉花平均亩产65.8千克，亩产值750.1元，每亩物质费用191.6元，每亩减税纯收益264.9元。1998年国家对棉花购销政策进行了改革，放开市场，棉花价格下跌，效益大幅度下降。

1998—2001年棉花平均单产63.4千克/亩，产值667.4元/亩，物质投入273.6元/亩，加上人工费用，减税纯收益-75.7元/亩，极大地挫伤了农民种植棉花的积极性，棉花种植面积大滑坡。从2003年起，国家又调高了棉花收购价格，棉花亩产值都在1000元以上，减税纯收益也在逐年提高，由每亩100多元提高到400～800元，最高年份是2010年，亩产值达2047.7元，减税纯收益1018.4元/亩，2013年由于生产成本大幅度提升，棉花效益随之下降，每亩纯收益降为246.2元，2014年为-200元左右。

（二）棉粮比较效益

棉花和粮食都是重要的农产品，都受到国家政策的保护，粮食的波动性比棉花小。据湖北省种植业产品生产成本效益调查统计，水稻（包括早稻、中稻和晚稻）、玉米单位面积产量产值基本上是稳步提升。1990—1997年，水稻平均产值361.8元/亩，减税纯收益103.2元/亩，只相当于棉花的48.2%和39%，玉米产值288.3元/亩，减税纯收益78.4元/亩，只相当于棉花的38.4%和29.6%。

1998—2001年，农产品价格进入低谷期，水稻平均产值439.2元/亩，纯收益21.7元；玉米平均产值379.9元/亩，纯收益57.2元；同期棉花产值727.7元/亩，纯收益-75.8元/亩，可见种粮亩产值比棉花低，纯收益比棉花高。

2002—2012年，棉花每亩产值比水稻高500元左右，纯收益高300元左右，差值最大的是2010年，棉花产值2047.7元/亩，纯收益1130.4元/亩，比水稻分别高1064.3元/亩、661.5元/亩；比玉米产值分别高1272.4元/亩和754.5元/亩。

2013年，棉花同水稻相比产值只高225.6元/亩，纯收益反而低294.3元/亩，只相当水稻的45.6%（表1-7）。

表1-7 1990~2013年湖北省种植业产品生产成本效益比较表

年份	棉花					稻谷			玉米		
	每亩主产品产量(千克)	每亩产值(元)	每亩物质费用(元)	每亩总生产成本(元)	每亩减税纯收益(元)	每亩主产品产量(千克)	每亩产值(元)	每亩减税纯收益(元)	每亩主产品产量(千克)	每亩产值(元)	每亩减税纯收益(元)
1990	72.4	553.9	105.3	262.8	280.5	425.3	245.7	83.9	261.2	136.7	28.9
1991	61.5	465.3	119.6	269.2	185.4	354.8	200.3	49.9	220.3	121.1	24.3
1992	65.0	435.3	130.7	294.9	128.6	409.4	218.0	47.0	258.8	149.6	37.4
1993	59.4	482.1	132.3	348.7	120.9	413.2	284.8	97.8	252.6	204.1	48.0
1994	63.3	847.6	182.6	422.0	399.3	430.2	539.8	278.7	252.6	284.1	109.9
1995	70.6	1190.7	269.0	513.9	657.0				320.9	511.6	211.4
1996	56.1	872.1	300.5	811.0	61.1	388.4	539.2	113.8	284.9	418.8	70.9
1997	65.8	1154.1	293.0	839.6	286.6	436.6	505.0	51.2	360.3	480.1	96.0
1998	52.1	750.1	304.3	825.6	-129.5	407.0	488.9	50.9	322.7	400.4	44.0
1999	63.3	599.1	278.0	766.8	-192.6	415.5	428.7	-18.2	362.6	362.2	33.4
2000	65.7	774.3	261.6	705.4	42.8	427.9	413.1	0.1	398.8	376.5	49.1
2001	72.5	677.4	250.5	612.8	-23.4	417.1	426.2	54.0	359.1	380.4	102.1
2002	82.0	862.8	275.8	699.2	124.6	450.2	450.1	63.3	352.0	358.9	46.8

续表

内容 年份	棉花					稻谷			玉米		
	每亩主产品产量（千克）	每亩产值（元）	每亩物质费用（元）	每亩总生产成本（元）	每亩减税纯收益（元）	每亩主产品产量（千克）	每亩产值（元）	每亩减税纯收益（元）	每亩主产品产量（千克）	每亩产值（元）	每亩减税纯收益（元）
2003	72.5	1175.2	254.3	670.3	461.7	419.4	541.0	164.9	318.4	411.0	91.2
2004	74.9	1016.7	286.4	686.9	730.3	460.9	725.1	372.9	386.3	509.8	228.5
2005	76.1	1028.1	312.5	787.2	715.6	456.0	680.3	490.7	397.8	516.3	380.8
2008	128.3	1385.8	351.7	930.3	455.5	456.4	766.7	152.0	359.3	594.9	134.0
2009	228.5	1523.6	403.2	769.6	754.0	453.5	877.8	394.9	369.5	666.9	290.3
2010	194.0	2047.7	418.1	917.2	1130.4	445.0	983.4	468.9	378.5	775.3	375.9
2011	216.0	1822.9	493.6	1018.4	804.5	476.7	1251.4	659.6	419.0	949.9	474.0
2012	228.0	1870.5	549.9	1249.0	621.4	495.0	1345.4	680.0	420.0	945.7	481.0
2013	187.0	1482.7	547.9	1236.5	246.2	490.0	1257.1	540.5			

资料来源：湖北农村统计年鉴。

第二章　提高棉田生产效益对策

湖北棉区属长江流域棉区的中游亚区，光热条件好，雨量充沛，土壤肥沃，植棉条件得天独厚，是全国著名的优质棉产区和国家商品棉花重要生产基地，还是农业部规划的适纺高支纱棉产区。棉花是湖北省重要的经济作物，是棉产区农民的主要经济来源。

湖北省是用棉大省，作为湖北省传统支柱产业和重要民生产业的纺织工业，常年纱产量150万吨以上，纺织用棉120万吨左右，全省产量只有需求量的40%左右。2012年全省纺织产业主营业务收入已超过2 000亿元（棉纺业和棉花化纤混纺是其中的重要组成部分），在全国排名第七位。每年以棉花为主原料的纺织品和服装出口创汇15亿美元左右，约占全省出口创汇总值的25%。2013年省政府把纺织业与冶金、石化和建材等列入4大传统优势产业。因此稳定棉花生产，对保障湖北省和我国棉花安全，促进棉农增收和纺织工人就业，维护湖北省棉花产业链的持续稳定发展具有十分重要的作用和显著的社会现实意义。

本章着重介绍转变发展方式稳定棉花主产区高产棉田，依靠科技进步提高棉花生产水平，实现节本增效；调整种植结构，将低产棉田改为高效种植新模式，提高棉田生产效益，促进农民增收。

第一节　转方式，提高棉花生产水平

针对棉花传统种植中存在的品种生育期长、田间管理复杂、生产用工多、物化投入高、农药用量大、土壤污染重等问题，积极转变发展方式，走规模化、集约化、轻简化、机械化发展棉花生产的路子，促进棉田高产提质增效。

一、正视问题，寻找科学植棉路径

随着农村劳动力的大量转移，植棉用工多，管理复杂，技术要求高，成本大幅提升、植棉效益下降和纺织产业转移与棉花产业的可持续发展的矛盾日益突出。

（一）生产成本较高

棉花是劳动密集型的大田经济作物，生产周期长，环节多，投入高，近年来植棉总成本、物化成本、人工成本同步上涨，棉花生产成本呈全面高涨态势。据湖北省种植业产品生产成本效益调查统计，2001—2013年植棉物质成本增加297.4元/亩，年均增长9.89%，总成本增加623.7元/亩，年均增长8.48%。

（二）生产方式落后

在人多地少、粮食安全压力增大的背景下，棉花种植方式由21世纪初的油（麦）棉间套移栽改为油（麦）棉连作（移栽或直播），棉花生产方式由以人工管理和收获为主转向以棉花机械采收为主的全程机械化生产。选育丰产、早熟、纤维品质优良的机采棉和短季棉品种，研究集成其配套栽培技术，是转变棉田种植制度和改革棉花生产方式的关键。由

于机采棉的纤维平均长度较人工收获下降1~2厘米，比强度下降2~3cN/tex，因此必须选育纤维更长、比强度更高的棉花品种。

（三）品种、技术比较单一

目前湖北省棉花生产主要以中绒陆地杂交棉为主，纤维长度在27~30毫米，适纺40支以下中低档纱，缺少纤维长度25~26毫米适用于纺低支纱的中短绒棉和纤维长度31毫米以上适合高支纱的中长绒棉类型品种。品种和品质类型单一，强度偏低，纤维较粗，远不能满足市场对高品质原棉的需要。这直接导致了湖北省原棉在国内外市场上缺乏竞争力，同时也导致了棉花生产近年来一直处于一种结构性矛盾的困境：一方面原棉产量和价格出现非规律性波动，而库存原棉仍不断增加，造成资金大量积压；另一方面进口和调配棉花数量却不断上升，造成植棉效益下降，棉农植棉意愿降低，棉花面积大幅萎缩，严重威胁棉花产业和纺织业的健康稳定发展。能否迅速提高湖北省棉花品种的纤维产量和品质，直接关系到湖北省棉花产业的兴衰和纺织品生产加工业的生存和发展。"十五"和"十一五"期间，湖北省的棉花育种以陆地棉品种间杂种优势利用为主攻方向，但由于杂交棉遗传基础狭窄，选育出突破双亲优势的杂交品种比较困难，高大、稀植的传统杂交棉种植方式也不适合棉花机械化种植要求，杂交棉的推广应用受到限制。因此湖北省棉花产业在新形势下要重新规划和定位，以机械化采收和中长绒陆地棉选育和生产为主攻方向，研究农机和农艺结合的全程机械化种植技术、短季棉直播高产技术、中长绒陆地棉保优丰产技术，实施规模化、区域化、标准化发展。

（四）产业链衔接不紧

棉花产业链涵盖棉花生物种业，棉花管理采收机械，籽棉和皮棉生产、加工、流通，纺织、服装和棉副产品综合利用等诸多环节。棉花生物种业创新主体间联系不够紧密，主体功能定位不明确，存在交叉重复和低水平研究，与市场主体脱节，缺乏生产上亟须的机采棉、短季棉、中长绒棉和超高产品种和技术。多数种子企业尚停留在低成本扩张，拼市场规模，以数量型增长方式为主，科技研发投入和水平较低，不具备全球化战略眼光的粗放式经营阶段。棉花产品与市场脱节，棉花采收机械和机械化生产技术的研发处于起步阶段，社会化、专业化、组织化服务程度低，抵御风险能力不强。纺织业面临东南亚和南亚市场的冲击，利润普遍下降，亟须转型升级。要充分发挥棉纺企业价值链整体优势，使中国从纺织大国走向纺织强国，必须从宏观层面着手，兼顾种子企业、棉农利益，上下游联动，根据纺织企业需求，对上游须进行优质纤维品种定向选育和布局，实行订单农业，降低原棉生产成本，提高原棉纤维品质，延伸下游产业链，提高终端产品质量和档次，提高国际市场竞争力。同时，政府加强棉纤维生产、流通、加工各个环节的监管，纺织企业内部加强科技创新，促进棉花产业链整体转型升级。

针对目前和今后相当长时期内湖北省棉花生产中出现的新情况、新动态、新机遇，分析棉花生产重大科技需求，调整发展思路和目标，确定重点任务和方向，依靠科技进步，稳定棉花生产。

二、提档升级，发展中长绒棉花

湖北地理气候、土壤质地、植棉生产技术等条件适合发展中长绒棉（表2-1）。为确保湖北省棉花产业链的健康发展，必须发展高品质棉花，促进纺织企业向纺高支纱转型，从长绒棉种植、收购、加工、纺织到高档服装全产业链进行高支纱的产业化，提高全产业链的利润。

表2-1　中国棉花研究所抽检棉花纤维品质检测结果表

抽样省份	上半部平均长度	长度整齐度指数	断裂比强度	伸长率	马克隆值	反射率	纺纱均匀性指数
	（毫米）	(%)	(cN/tex)	(%)		(%)	
湖北	30.1	83.8	30.7	4.4	4.5	78.6	143
河北	28.5	82.3	29	4.7	4.5	76.9	127
新疆	29.3	83.6	28.5	5.8	4.5	82	136

中长绒陆地棉（绒长＞31毫米）具有可纺60支以上高支纱的品质特点，与长绒棉相比具有单产高、投入少、成本低、易管理等特点，可取代长绒棉，较大幅度提高纱线和纺织品的附加值，促进棉花生产由自主分散、低值、低效向组织化、标准化、规模化、高效和订单农业转变。

但中长绒陆地棉一般具有海岛棉或野生棉血缘，其生长发育、纤维品质和产量形成等与常规陆地棉相比具有明显变化，按照常规栽培管理不能充分发挥品种的产量潜力，如栽培不当影响产量和纤维的品质形成，造成产量下降，纤维生产品质低于遗传品质。

（一）选高产田，搞好备耕

选择土地连片，地势平坦，土壤有机质含量大于1%，地力中等偏上，排灌方便，无病或病害较轻的江汉平原和鄂东棉区。种植模式应选择春闲田单作或与油菜、小麦套作，确保棉花成铃高峰期与最佳开花结铃期（7月中旬至8月底）同步。

在播种或移栽前半个月精细整地，结合整地增施基肥，基肥应以有机肥为主，一般棉田每亩施优质有机肥2 000千克左右。若施化肥，氮肥控制在25%～30%，则每亩施尿素10～12千克、氯化钾15～20千克、过磷酸钙30千克。

（二）选用良种，搞好处理

选用生产上表现较好的中长绒高品质棉，要求出苗好，生长势和结铃性较强，株高中等偏高。单铃籽棉重6克左右，衣分40%以上，吐絮畅，早熟性好，霜前花率90%左右。高抗枯萎病耐黄萎病。品质指标纤维2.5%跨长31毫米以上，比强度32cN/tex以上，马克隆值4.8以下。目前生产上可供选择中长绒陆地棉品种主要有中棉所70、湘杂棉10号、科棉3号等。采取一地一种，规模种植。种子质量应符合GB 4407.1－2008《经济作物种子　第1部分：纤维类》。

采用种子包衣或药剂拌种，播种前晴天晒种1～2天，增强种子生理活性，发芽势、田间出苗率与整齐度。

（三）适期播种，培育壮苗

播种期依据茬口和温度条件而定，麦套移栽棉在4月5日左右、油后移栽棉一般在4月20日左右、麦后移栽棉在4月30日左右。采用小拱棚营养钵育苗，苗龄控制在25天以内或两叶一心前移栽。

（四）合理密植，优化群体

为避免荫蔽造成中下部烂铃增加，影响棉花品质，陆地中长绒棉要适当稀植，一般每亩1 700～1 800株以下，行距100～110厘米，株距35～40厘米。移栽时棉苗带水、带肥、带药适墒移栽，大小苗分开，土要覆实、不露钵肩。

（五）稳氮增钾，合理运筹

根据土壤肥力，做到基肥足，蕾肥稳，花铃肥重，桃肥补；有机肥和无机肥结合；氮磷钾三要素结合；大量元素与微量元素结合。氮肥运筹适当调整，前期（基肥和第一次花铃肥）施氮量适当增加，中期（第二次花铃肥）施氮量稳定，后期（盖顶肥）施氮量减少。磷肥改一次基施为基肥和第一次花铃肥各占50%。钾肥用量增加10%～20%，特别要重视花铃肥中钾肥的施用，花铃肥中钾肥的用量占总钾肥量的50%以上。

地力中等水平的棉田每亩施纯氮20～22千克，五氧化二磷8～10千克，氧化钾22～24千克，氮磷钾比例为1∶（0.4～0.5）∶（1.1～1.2）。

（六）集约管理，抗逆保优

1. 移栽后管理

以缩短缓苗期和早发为目标。及时查苗补缺，保证种植密度；搞好中耕松土、灭茬、破板结；加强水分管理，做好清沟排渍和抗旱灌溉，防止栽后僵苗；轻施提苗肥。苗肥以速效氮肥为主，一般占总施肥量的5%～8%，每亩施尿素3～4千克。

2. 蕾期管理

当棉苗出现第一个果枝后，及时去叶枝，抹赘芽；棉田要勤中耕，结合中耕松土深施蕾肥，起垄培蔸；当棉株有

3～5个果枝时，开沟深施蕾肥。一般每亩施优质有机肥1500千克或饼肥50～60千克+过磷酸钙20～25千克；对水肥条件较好、长势较旺的棉田，在盛蕾期每亩用缩节胺1～1.5克，或助壮素4～6毫升，兑水20～50千克，快速叶面喷雾；根据棉蚜、红蜘蛛、盲蝽象等虫情测报，当达到防治标准时，选用高效低毒低残留的化学或生物农药防治。

3. 花铃期管理

重施花铃肥，增施钾肥。施肥比例占总施肥量的60%～65%。花铃肥分两次施用，第一次在棉株见花时，施肥比例占总施肥量的30%左右，第二次在7月中下旬，施肥比例占总施肥量的30%～35%。每亩沟施尿素26～28千克、氯化钾15～20千克；补施盖顶肥。立秋前后每亩施尿素5～8千克；适时适量化调。盛花期时，每亩用缩节胺2～2.5克兑水20千克叶面喷雾。打顶前后每亩用缩节胺2.5～3.5克兑水50千克叶面喷雾；立秋前后适时打顶，做到"枝到不等时，时到不等枝"，提倡打小顶，即摘除一叶一心即可；加强水分管理。花铃期是需水高峰期，又正值高温伏旱，蒸发量大，缺水可使棉纤维长度降低3～4毫米。如遇持续晴热高温天气，应7～10天灌水1次，早晚沟灌，同时防治高温热害；注意防治三代、四代棉铃虫和斜纹夜蛾、烟粉虱等虫害。

4. 吐絮期管理

8月中下旬推株并垄，防止烂铃；注意阴雨和久旱天气的影响。遇暴雨要及时清沟排水，遇7天以上久旱要小水沟灌，防棉铃逼熟。棉花吐絮期主要虫害有棉铃虫、烟粉虱、斜纹夜蛾、盲蝽象、红蜘蛛、棉蓟马等，应及早进行防治。

棉铃吐絮后每隔7～10天采收一次，坚持田间采花，用棉布袋和棉布包收、摘、装、储、运，严防"三丝"污染。切实做到分收、分晒、分轧、分藏和分售。

三、技术创新，研发轻简化植棉

棉花科研单位要积极与种子、农业机械企业合作，加大短季棉花新品种、植棉配套栽培新技术的研发力度，改油（麦）/棉花套种为油（麦）=棉花连作；改棉花营养钵育苗移栽为机械直播种植；改每亩1000多株稀植为每亩5000株左右密植种植；改多次整枝为一次整枝；改全生育期施肥和喷药7～8次为2～3次；改人工田间操作为全程机械化操作；降低生产投入成本，实现节本增效。

（一）推广短季棉生产技术

短季棉的推广应用可以充分利用光、温、水、地等自然资源，适应湖北省棉田种植制度由麦（油）棉花套作移栽或麦（油）后连作移栽棉，向麦（油）后直播棉花的转变，提高棉田复种指数，实现粮（油）棉双丰收。短季棉推动了棉花生产方式由人工植棉向以机械化采收为主的机械化植棉的发展，实现轻简、省工、节本、增收，有利于湖北省棉花生产的可持续发展。

1. 短季棉品种指标

生育期110天以内，集中吐絮（1个月以内），含絮力适中，吐絮畅；株高80～100厘米，第一果枝节位高度18～20厘米；纤维长度在30毫米以上，比强度30厘牛/特克斯以上，马克隆值4.9以下；子指10～11克，发芽势强；抗虫，抗枯萎病，耐黄萎病；耐高温；籽棉、皮棉产量与目前推广品种接近。

2. 短季棉栽培技术

（1）产量目标。地力中等以上的棉田，每亩植棉4 000～6 000株。株高90～120厘米，单株果枝数、结铃数12～16个，每亩成铃5.5万个以上，单铃重4.5克左右，衣分40%左右，每亩产皮棉80千克以上，霜前花比例80%左右。纤维长度28毫米以上，比强度28厘牛/特克斯以上，马克隆值5.0左右。

（2）栽培技术。

第一，品种选择。选用早熟不早衰，生育期105天左右，株型紧凑（短果枝类型）的高产品种，要求开花、结铃、吐絮集中，霜前花率80%左右，铃重较大，结铃性强，抗棉铃虫，抗枯萎病，耐黄萎病。目前在湖北省麦后棉花品种区域试验中表现突出的品种（系）有晶华棉16、华惠15、冈0379等。

晶华棉16：荆州市晶华种业科技有限公司选育的常规转基因抗虫棉新品种，2012—2013年参加湖北省麦后棉花品种区域试验，其区试结果如下：该品种生育期104.9天；株高126.1厘米，果枝13.2个；平均单株铃数15.0个，单铃重6.32克，两年平均亩产皮棉100.52千克，比对照鄂抗棉13（皮棉亩产87.89千克）增产14.37%，增产点次率100%；霜前花率86.3%，大样衣分40.93%，小样衣分42.28%，子指10.9克；品质经农业部棉花品质监督检验测试中心测试，纤维上半部平均长度30.9毫米，断裂比强度29.7厘牛/特克斯，马克隆值4.9。对照鄂抗棉13：纤维上半部平均长度32.9毫米，断裂比强度30.9厘牛/特克斯，马克隆值3.7；经湖北省农科院经作所检测，该品种抗虫株率94%，中抗棉铃虫。

该品种经两年省区试鉴定：丰产性好，早熟性较好，纤维品质较优，耐枯萎病和黄萎病，中抗棉铃虫。

华惠15：湖北惠民农业科技有限公司选育的常规转基因抗虫棉新品种，2012—2013年参加湖北省麦后棉花品种区域试验，其区试结果如下：该品种生育期103.0天；株高128.0厘米，果枝13.7个；平均单株铃数15.5个，单铃重5.19克，两年平均亩产皮棉90.73千克，比对照鄂抗棉13（皮棉亩产87.89千克）增产3.23%，增产点次率60%；霜前花率86.8%，大样衣分39.16%，小样衣分40.49%，子指11.0克；品质经农业部棉花品质监督检验测试中心测试，纤维上半部平均长度31.3毫米，断裂比强度29.6厘牛/特克斯，马克隆值4.4。对照鄂抗棉13：纤维上半部平均长度32.9毫米，断裂比强度30.9厘牛/特克斯，马克隆值3.7；经湖北省农业科学院经济作物研究所检测，该品种抗虫株率100%，抗棉铃虫。

该品种经两年省区试鉴定：丰产性较好，早熟性较好，纤维品质较优，耐枯萎病，抗黄萎病，抗棉铃虫。

冈0379：黄冈市农业科学院选育的常规非转基因棉新品种，2012—2013年参加湖北省麦后棉花品种区域试验，其区试结果如下：该品种生育期104.0天；株高124.0厘米，果枝13.8个；平均单株铃数16.8个，单铃重5.02克，两年平均亩产皮棉100.45千克，比对照鄂抗棉13（皮棉亩产87.89千克）增产14.29%，增产点次率90%；霜前花率87.1%，大样衣分43.68%，小样衣分45.39%，子指9.3克；品质经农业部棉花品质监督检验测试中心测试：纤维上半部平均长度29.4毫米，断裂比强度30.0厘牛/特克斯，马克隆值5.0。对照鄂抗棉13：纤维上半部平均长度32.9毫米，断裂比强度30.9厘牛/特克斯，马克隆值3.7；经湖北省农业科学院经济作物研究所检测，该品种抗虫株率0%，感棉铃虫。

该品种经两年省区试鉴定：丰产性好，早熟性较好，纤维品质一般，耐枯萎病和黄萎病，感棉铃虫。

第二，提高密度，以密增产。无限果枝类型品种合理密度一般在4 000~4 500株/亩，行距70~80厘米，等行种植。有限果枝类型品种合理密度一般在6 000株/亩左右，采取76厘米等行或66+10厘米宽窄行种植。

第三，抢收抢种，争全苗，促早发。麦（油）收获后抢时、抢墒播种棉花，一般在5月中下旬至6月初播种，最迟6月10日前播种。可实行麦后免耕板茬或灭茬浅中耕直播。播种深度3~5厘米，机械条播，若人工播种，每穴下2~3粒，每亩用种量2千克左右。播种要均匀，播后盖土不超过2厘米。如土壤墒情不足，要及时灌水。

棉种出苗后，及时喷药防治立枯病、炭疽病、地老虎、蜗牛等病虫害。齐苗后及时间苗，对缺苗的地段进行补种。二叶一心期定苗，要求每穴留单株。

第四，科学施肥，合理运筹。短季棉全生育期每亩施纯氮14~16千克、五氧化二磷7千克、氧化钾12~14千克。施足底肥，在播种时或出苗10天以内施30~40千克氮磷钾复合肥。盛蕾期追施尿素8千克，初花期追施尿素和氯化钾各15千克。

第五，分段化调，调控生长。苗蕾期一般不进行化调，初花期每亩用缩节胺1~1.5克兑水20千克喷雾进行第一次化调。8月10日前打顶，打顶后7天左右每亩用缩节胺2~3克兑

水40～50千克喷雾进行第二次化调。对贪青晚熟的棉田进行催熟，10月中旬每亩用40%乙烯利100～150毫升兑水50千克喷雾催熟。

第六，加强病、虫、旱、涝灾害防治。短季棉生长时间短，补偿能力弱，病虫害会对产量影响明显。要根据病虫测报信息，及时防治立枯病、炭疽病、枯黄萎病、棉蚜、红蜘蛛、棉铃虫、棉盲蝽、烟粉虱等病虫害。搞好水分管理，花铃期遇干旱7～10天且天气预报无有效降水时，要及时灌溉，提倡早晚沟灌，忌大水漫灌。

(二) 示范机采棉生产技术

棉花是劳动密集型的大田经济作物，生产周期长，环节多，技术复杂，每亩用工20多个，人工费每亩高达1 000元以上，占生产成本的一半以上，其中人工采摘费用占五至六成。随着城镇化、工业化进程的加快，农村劳动力大量转移，劳动力成本迅猛上涨，人工成本和植棉效益的平衡点已经被打破，加上棉花收购价格的大幅波动，粮棉比价不合理，导致棉农收益不稳，棉花种植面积已呈持续下滑态势。现有棉花生产方式已越来越不适应经济社会发展的需要，成为影响湖北省棉花生产稳定最重要的因素。

棉花生产全程机械化是一项系统工程，机械采收是其关键。立足机采棉技术，2012—2014年，湖北省农业科学院经济作物研究所联合湖北省农业厅、创世纪公司、美国约翰迪尔公司开展机采棉适宜品种筛选试验、机采棉合理种植密度试验、机采棉成铃分布与光温关系研究、机采棉化学打顶剂试验、机采棉脱叶剂筛选试验、棉花机械收获试验示范等研究，取得了有关科学依据，在此基础上制订了湖北省地方标准《机采棉栽培技术规程》。本标准规定了棉花机械化采收的品种选择、产量目标、播种时间和方式、种植密度、施肥、化学调控、化学除草、病虫害防治及收获的技术要求，将为湖北省及长江流域机采棉的发展提供技术支撑。

机械化采收棉花品种和技术解决了湖北省棉花生产中的首要和核心问题，实现了棉花生产方式的重大变革，对稳定湖北省棉花生产起到关键作用。一是机械化采收棉花品种和技术大幅提高了劳动生产率和植棉效率，把棉农从繁杂的劳作中解放出来。以机械化采收为例，比人工采棉提高劳动生产率200~300倍，机械化精量播种、灌溉、喷药、打顶等技术亦可提高劳动生产率数十倍。二是可改进作业质量，增产优质棉。机械化地膜覆盖播种技术、灌溉技术、化学脱叶、机械化采收实现信息化、自动化、标准化，作业及时、迅速、精准，提高了作业质量，对棉花稳产、增产提供了强大的技术支撑。三是节约资源和开支，增加收益。机械精量播种、追肥、喷药，功效高，省种、省肥、省药、省工。机械收获省工70%，每亩用工减少15个，用工成本减少700元。四是推动棉花产业链相关产业发展，推进棉花生产专业化、组织化、社会化服务进程。

机采棉由于生育期短，需要高密度栽培，其配套栽培管理措施同当前的杂交棉有很大的差异。近几年来我们开展了机采棉的适宜播期、合理密植、科学化调、脱叶剂筛选、成铃分布与光温关系等方面的试验研究和机械采收示范工作，在此基础上制定出棉花机采棉栽培技术规程。

1. 产量目标

每亩植棉4 000～5 000株，皮棉产量80千克以上。

2. 种植模式

根据采棉机类型和前茬主要作物的不同，机采棉的种植模式有4种（表2-2）。

表2-2　机采棉种植模式表

采棉机类型	前茬	播期棉花	密度 （株／亩）	株距 （厘米）	行距 （厘米）
摘锭式采棉机	油菜	5月中下旬	4000～4500	0.20～0.22	76
摘锭式采棉机	小麦	5月下旬至6月初	4500～5000	0.18～0.20	76
指杆式采棉机	油菜	5月中下旬	4000～4500	-	-
指杆式采棉机	小麦	5月下旬至6月初	4500～5000	-	-

3. 播前准备

（1）品种选择。选择适宜湖北省棉区生态条件、种植制度和综合性状优良的品种。品种特性要求生育期110天以内，株型紧凑，第一果枝节位高度大于18厘米，吐絮集中、高产、易采，含絮力适中、不夹壳，一次性采净率能达到90%以上，纤维品质适合纺织要求，抗病抗倒伏、对脱叶剂比较敏感。

（2）种子处理。种子选择符合GB 4407.1－2008《经济作物种子　第1部分：纤维类》的要求。播种前晒种2～3天，以提高出苗率。

（3）棉田选择与耕整。机采棉田应选择集中连片、肥力适中、地势平坦、交通便利的地块。作业规模上，摘锭式采棉机一般要求地块长度在100米以上，面积在50亩以上；指杆式采棉机一般要求地块长度在100米左右，面积在30亩以上。麦（油）后棉在犁地和除草剂封闭前覆平。耕翻深度25厘米左右，行走端直。播种前土地应做到下实上虚，虚土层厚2.0～3.0厘米，有利于保墒、出苗。

（4）播种。在5月中下旬至6月初，油菜或小麦收获后适时播种。采用棉籽精量播种机作业，播种、覆土一次完成。播种深度2～3厘米，覆土厚1.5～2厘米。要求播深一致、播行端直、行距准确、下籽均匀、不漏行漏穴、空穴率小于3%。

（5）田间管理。

第一，苗期管理。在两片子叶展平至1～2片真叶时定苗。定苗要求去弱苗、留健苗，1穴1株。遇雨后及时适墒破除板结。

第二，水肥管理。全生育期每亩施氮肥（纯N）18～20千克，磷肥（P_2O_5）5～7千克，钾肥（K_2O）10～12千克。不同时期施肥量配比为：纯氮（N）施用按苗蕾肥占1/3，花铃肥占1/3，盖顶肥占1/3进行。磷和钾按比例酌情施用。机采棉水分管理和肥料管理基本同步，遇旱情及时灌溉。

第三，株型调控。化学调控根据棉田墒情掌握化控时间和化控量。一般在8～9片叶时每亩用缩节胺1.0～2.0克，初花期用2.0～3.0克，盛花期用3.0～4.0克，打顶后用4.0～5.0克进行化控，株高控制在100厘米。根据棉花的长势和果枝数等因素确定适宜的打顶时间，一般在立秋后5天、果枝14～16层时进行。

第四，脱叶催熟。①喷药时间：田间棉花自然吐絮率达40%～60%，棉花上部铃的铃龄达40天以上；采收前18～25

天，连续7～10天平均气温在20℃以上，最低气温不得低于14℃。②脱叶催熟剂及用量：一般每亩使用脱吐隆（噻苯隆Thidiazuron和敌草隆Diuron）50%可湿性粉剂20～40克+乙烯利（40%水剂）100～200毫升+水60千克进行喷施。③脱叶催熟要求：在喷施脱叶剂20天后，田间棉株脱叶率达90%以上、吐絮率达95%以上。对晚熟、生长势旺、秋桃多的棉田，可适当推迟施药期并适当增加用药量，反之则可提前施药并减少用药量。

（6）机械收获。

第一，机具选择。棉花机械收获分为分次选收和统收两种收获方式。各地应根据棉花种植模式、种植规模、籽棉处理加工条件等因素，因地制宜选择适宜的收获方式。摘锭式采棉机（选收方式）采收棉花适宜的行距为76厘米；指杆式采棉机（统收方式）采收棉花对行距配置无特殊要求，以等行距为好。

第二，采收前准备。摘锭式采棉机作业，棉田两端应人工采摘10米左右，方便采棉机转弯调头；指杆式采棉机作业，在棉田的四角用人工采摘出机具入田的场地即可。

第三，收获时间。在喷施脱叶催熟剂20天以后进行机械采收作业。

第四，采收质量要求。摘锭式、指杆式机械采收质量应符合采棉净率大于95%以上，挂枝率≤0.8%，遗落棉花≤1.5%，挂落率≤1.9%，含杂率≤12%，含水率≤10%的要求。

第二节　调结构，提高棉田生产效益

积极引导棉区农民因地制宜调减低洼易涝、丘陵易旱、易发枯萎病和黄萎病的低产棉田，依据市场需求，发展适宜轻简化生产的玉米等粮油作物以及瓜、菜、水果等高效经济作物。学习嘉鱼县、汉川市、天门市、钟祥市、云梦县等改油菜/棉花套种为春播玉米＝蔬菜连作粮菜型高效模式，每亩产值3 000～5 000元，纯收入2 000元以上；推广枣阳市、襄州区、当阳市等改麦/棉套种为小麦＝夏播玉米连作全程机械化高效模式，粮食亩产过1吨，产值2 300～2 400元，纯收入1 500元左右；推广武汉市汉南区、宜城市、公安县等棉花/西瓜（辣椒、甜糯玉米）等间套作高效种植模式，亩产籽棉200～250千克，产值1 000元左右，套种瓜、果、菜每亩产值3 000元左右，全年亩均纯收入2 000元以上；也可示范推广武穴市、黄梅县等棉田改种青贮玉米、鲜食甜（糯）玉米，秸秆养殖奶牛和肉牛高效种养模式，每亩种植纯收入2 000元左右。

一、因地制宜调棉花，发展玉米机械化作业

当阳市曾经是湖北省主产棉区之一，2000年以后，因地制宜调减棉花种植面积，发展适宜机械化生产，市场俏销的玉米以及蔬菜等高效种植模式。以草埠湖镇为代表的发展夏播玉米全程机械化生产，农业经济效益、社会效益和生态效益都比较显著。

（一）调结构，普及机械化生产

当阳市草埠湖镇位于江汉平原西部，耕地面积10万亩，2008年前棉田种植模式以油菜、小麦/棉花套作为主，每年棉花种植面积9万亩左右。由于棉花生育期长，物质投入和劳动力投工多，生产成本高，纯收益低，2008年开始调整种植结构，试验示范小麦＝玉米连作种植模式，发展玉米0.5万亩，2009年示范1万亩，2010年扩大到2.2万亩，2011年3万亩，2012年4.7万亩，2013年6.8万亩，2014年达8万亩。小麦、玉米两季全部实行机械化作业，规模化经营，极大地提高了劳动生产率，实现了节本增效，农民增收。

图2-1　小麦、玉米两季全程机械化生产

（二）转方式，提高农业生产效率

通过转变土地经营方式、农业生产方式，发展规模化经营、机械化生产、科学化种植，促进了劳动力流动，降低了物化投入，节省了人工，实现了节本增效增收。

1. 催生了农业规模化经营

以前种棉花1个劳动力只能经营10亩地，而今种玉米，实现了全程机械化作业，1个劳动力种植100多亩，全镇农业生产只需800多个劳动力，腾出7 000多个农业劳动力转移到二、三产业务工，每年人均纯收入2万元以上。

2. 加快了科技成果转化

农业规模化、集约化经营，培育了一批新型经营主体，他们是新时期的知识型、创业型农民，有一股学科技、用科技、敢于创新的热情和劲头，加快了科技成果转化，依靠科技促进农业提质增效。通过选用优良杂交玉米品种郑单958等，推广全程机械化生产技术，大幅度提高了玉米生产水平，平均亩产513.6千克，产值1212.1元，扣除机械、人工、种子、化肥、农药等投入562元，每亩纯收入650.1元，同种植棉花相比，植棉每亩生产籽棉292千克，产值1 750元，扣除人工、机械、种子、肥料、农药等投入1 518元，每亩纯收入232元，种植玉米比种棉花种植每亩纯收入增加418.1元。

3. 保护了农业生态环境

玉米与棉花相比，生育期短，每亩投肥量减少60%，用药量减少80%。玉米全程机械化生产，秸秆全部粉碎还田，既增加土壤有机质，改善了土壤结构，培肥了地力，增强了土壤蓄水保水能力，建起一个土壤微循环水库，又避免了焚烧秸秆对环境的污染，对促进用地与养地的生态循环和农业可持续发展具有十分重要的意义。

（三）全程机械化生产技术

1. 推广麦玉连作模式

小麦从10月下旬整地、播种、追肥、喷药，到5月下旬收获，接着进行玉米机械旋耕整地播种、中耕施肥、喷药到收

获，两季都是全程机械化操作，秸秆全部粉碎还田，全年亩产过吨粮。

2. 普及优良品种

小麦普及鄂麦596、郑麦9023，玉米选用株型紧凑、耐密植、抗耐高温性能比较强、结实性比较好、适宜夏播种植和机械收获的杂交玉米品种郑单958。

3. 全程机械化生产

（1）机械播种。使用大中型拖拉机牵挂农哈哈2BY-4等型号的玉米播种机，等行距播种，行距60厘米，株距20厘米，单粒播种，播种深度3～5厘米，每亩种植5 500株左右，保收5 000株。

（2）机械管理。中耕施肥用"垄上行3ZF-22"等多功能田园管理机，在玉米行间中耕、追肥，防治病虫草害。

（3）机械收获。推广150马力玉米联合收割机，一次性实现收穗、脱粒、自卸、秸秆粉碎还田等作业工序。

（4）机械烘干。玉米籽粒收获后用汽车拉到烘干处现场，进行机械烘干脱水，达到储藏标准含水量后，直接传输到粮食仓库保管。

二、调整棉田种植结构，做大做强玉米产业

嘉鱼县以潘家湾镇为代表的棉区种植结构调整成效比较显著。该镇旱地以种植玉米、冬瓜、南瓜、甘蓝和大白菜为主，露地"两瓜两菜"在全国享有盛名。近20年来，始终瞄准市场定位，不断调整优化旱地种植结构与种植模式，结构调整特色鲜明，农民收入稳步增长，农业生产势头强劲。

（一）坚持市场导向，不断调整优化种植结构

1. 基础阶段

1995年以前，主要种植模式为"油菜/棉花"套作。常年种植面积5万亩以上，占旱地作物总面积的75%左右。这种模式属传统的种植模式，当时转基因抗虫棉尚未推广应用，棉花生产防虫治虫投工投劳成物化成本较高，收益相对低下，农民每亩地一年的纯收入不到400元，加上国家棉花产业政策的调整，1995年后棉花种植面积开始大幅压缩。

2. 调整阶段

1995—2010年，主要种植模式为"冬瓜、南瓜＝甘蓝、大白菜"连作，即通常所说的"两瓜两菜"。1995年潘家湾镇潘家湾村、肖家洲村、四邑村部分农民先行尝试露地"两瓜两菜"种植模式，获得了较好的经济效益。1998年进入快速发展时期，2010年前后达到高峰，全镇"两瓜两菜"单季种植面积6.5万亩以上，正常年份每亩冬瓜单产6 000千克，南瓜单产2 000千克，甘蓝和大白菜单产5 000千克，每亩年产值3000元左右，纯收益1500元以上。但这种种植模式存在三个方面的突出问题，一是长期单一的种植模式与施肥习惯，导致土壤严重酸化，主要营养元素消耗过度，地力急剧下降；二是播期比较一致，上市相对集中，不利抢占价格优势；三是市场并不稳定，价格变幅较大，收益得不到保证。有的年份南瓜卖到0.80元/千克，有的年份则不到0.10元/千克，"菜贱伤农"的现象时有发生。这些问题，农民经过多年的实践之后都有清醒的认识，再次调整成为必然。

3. 优化阶段

2011年至今，主要种植模式为"玉米＝甘蓝、大白菜"粮菜连作模式，种植面积达到5万亩，占全镇旱地面积的75%，其中普通饲用玉米4万亩，甜（糯）鲜食玉米1万亩。正常年份每亩普通玉米单产650千克，甘蓝、大白菜单产5 000千克，每亩年产值可达3 400元左右，每亩年纯收益1 900元以上；鲜食玉米一般每亩销售收入3 000元左右，加上下季蔬菜，每亩年产值可达5 000元左右，纯收益3 400元以上。这种种植模式的好处在于：一是玉米产量高、产量稳、耐贮存，有比较稳定的市场价格与销售渠道，即使下茬蔬菜不值钱，可确保一季可靠的收入。若下茬蔬菜行情看好，则全年收入相当可观；二是实现了粮食作物与经济作物的轮作换茬，既提高了光能利用率，又避免了地力的过度消耗。另外，当地尽管春播仍有1.6万亩左右的南瓜（近几年冬瓜面积逐年萎缩），但基本上都与玉米实行了间作。春播作物品种由棉花调整为"两瓜"之后再次调整为玉米，"玉米＝甘蓝、大白菜"不仅是当地目前的主要旱地种植模式，而且还呈现出进一步发展的态势。

图2-2 旱地"玉米＝甘蓝"种植模式

（二）依靠科技支撑，推广普及适用集成技术

1. 选准优质高产市场对路当家品种

玉米选用紧凑型品种"登海9号"，该品种产量高，增产潜力大，耐高温，已连续种植多年，生产表现一直较好。近几年先后引进示范"鄂玉25"、"蠡玉16"、"郁青272"等玉米新品种，但生产上"登海9号"的比重仍占大头。甘蓝品种选用"比久"、荷兰"皮球"、"迎风"、"嘉丽"、"冬强"，大白菜品种选用"改良青杂3号"，确保品种优质高产适销对路。2009年起嘉鱼县以潘家湾镇为重点开展蔬菜新品种"双百"工程，从中筛选了一批苗头品种，有的品种已在生产上得到大面积推广应用。

2. 坚持专业化生产和规模化经营

潘家湾镇武汉至嘉鱼一级公路沿线的潘家湾、肖家州、四邑、羊毛岸、老官嘴、苍梧岭六个村，统一采用"玉米＝甘蓝、大白菜"种植模式，连片面积5万亩，实现了区域化布局与专业化经营，既有利于新品种的示范推广、有计划地安排生产、病虫害的统一防控、田间管理的同步，又有利于形成市场优势与价格优势，不仅是嘉鱼农业一道亮丽的风景线，而且在省内外拥有较高的知名度。

3. 推广玉米密植栽培和全程机械化生产技术

将"登海9号"的种植密度由前几年的每亩3 000株调增至3 600株，提高光能利用率，进一步挖掘玉米的增产潜力，单产水平相比前三年550千克提升15%以上。一般清明前后播种，分地膜覆盖与露地直播两种方式，从整地、播种、防病、治虫到收获，基本上实现全程机械化。

4. 优化种植结构，填补市场空缺，满足消费需求

通过不断地调整与优化，潘家湾镇的玉米和蔬菜生产结构更加合理，效益逐年提升。在玉米生产上，以饲用玉米为主体，占全镇玉米面积的80%，另外瞄准嘉鱼县、温泉镇及武汉周边市场发展鲜食甜玉米、糯玉米1万亩，占全镇玉米种植面积的20%。全镇以早期的蔬菜科技园为中心，2012年在四邑村新建30亩温室设施花卉苗木基地，2013年新建100亩普通钢架大棚设施蔬菜生产基地，2014年新建200亩新农果蔬科技园高端设施果蔬生产示范基地，至2014年潘家湾镇设施蔬菜（含花卉）基地面积达500亩以上，设施农业发展势头强劲，态势良好。露地秋冬播甘蓝、大白菜汲取前些年的经验教训，实行"早、中、迟"熟品种搭配，有计划地、有组织地分期播种，分批上市，延长了上市周期，避免了因集中上市引起的价格波动。

5. 测土配方施肥和蔬菜绿色防控技术全覆盖

应用测土配方施肥项目成果，在全镇普及配方施肥技术，提高了肥料施用的经济性、目的性与针对性，节约了肥料施用量15%，每亩节省肥料投入50元以上，减少了资源消耗与环境污染。全镇蔬菜产区共安装太阳能杀虫灯2 000余盏，性诱捕器、黄板等生物、物理病虫害防控技术实现了全覆盖，减少了农药的使用量与施用次数，蔬菜品质得到明显提升，所有蔬菜产品基本达到绿色食品蔬菜标准。

（三）围绕主导产业，不断完善服务体系建设

1. 争取多方投入，全面改善农田基础设施条件

近年来，潘家湾镇利用国土、农业综合开发、水利等部

门的土地整理、中低产田改造与农田水利建设项目，投入资金2亿多元，全镇农田沟、渠、路、涵、桥、闸等基础设施得到修缮和补充，田间生产主路能满足大中型货车通行，农田旱能灌、涝能排，农业生产基础设施焕然一新。

2. 强化主体培育，充分发挥合作社与经纪人的示范带动作用

截至2014年11月，潘家湾镇登记注册的粮食、蔬菜、农机类农村专业合作社80多家，网络社员8 000多人，有粮食、蔬菜类农产品知名经纪人50多人，年订单生产面积10万余亩，附带销售20万亩，农产品销售信息及时，渠道畅通，在合作社与经纪人的订单带动下，农民每亩销售收入至少增加200元以上。

3. 加强市场建设，规范农产品交易市场行为

2013年潘家湾镇通过优惠政策，由当地蔬菜经纪人王金山投资1 000多万元建成占地200余亩的大型交易市场，高峰期日交易量3 000吨以上，每天向全国各地发送新鲜蔬菜100余车（次）。同时，交易市场还为外来客商、司机提供餐饮、住宿，为本地农民免费提供市场供求与价格信息等全方位服务，全镇范围内基本杜绝了田间地头交易与马路市场的乱象。

4. 细化社会分工，延伸产业链，提供更多的就业岗位与致富机会

在潘家湾镇，除农村合作社、农产品经纪人和交易市场主体外，有农资经营门店20余家，从业人员50余人；有专业从事砍菜、运菜的农民工，从业人员500余人，日劳动收入150～200元；有专门的农机大户与农机手，每台机械年作业

面积500亩以上，作业收入达4万多元；有从事蔬菜冷冻、腌制、脱水加工的企业3家，从业人员300余人，年加工、转化蔬菜5万多吨；还有专门生产销售编织袋的企业和个人。社会分工非常明确，彼此配合十分默契，产业发展已进入一个相对成熟的阶段。

5. 强化技术培训，提升农民科技素质与标准化生产水平

潘家湾镇现有基层农技服务人员6人，每年县、镇两级春、秋两季都开展种植大户与科技示范户培训，不定期邀请省内外知名专家到田间地头现场指导，村村都有示范户，户户都有明白人，农民科技意识与科技素质得到同步提升。2010—2014年连续五年的国家级露地蔬菜标准园创建项目的实施，使蔬菜标准化生产技术得到普及、深入人心。

6. 加强产地检测，建立健全农产品质量安全可追溯制度

近年来，嘉鱼县农业局加大了蔬菜主产区违禁投入品使用的检查与打击力度，增加了产地检测与市场检测的批次与频率，逐步建立健全了农户生产日志与台账管理制度，始终把握农产品质量安全这条底线，不让问题食品流入市场，端上餐桌，多年来全县没有出现一起农产品质量安全责任事故。

三、积极调整种植结构，促进棉区农民增收

近年来，根据国家棉花收储政策的调整，棉价持续下行，植棉收入减少，棉田面积严重下滑的现实情况，汉川市积极引导棉区农民进行种植结构大调整，有序推动棉花产业发展大转型，促进棉区农业生产稳定发展，棉农持续增收。

（一）棉花生产情况

1. 种植情况

据统计年报，2013年全市棉花种植面积23.76万亩，皮棉单产98.67千克，总产2.344万吨。2014年棉花实际种植面积15万亩左右，平均皮棉单产85千克，总产1.3万吨。

据历史资料，全市棉花种植面积最大的年份是1966年，为50.66万亩。20世纪50~70年代，棉田面积稳定上升，50年代平均为29.6万亩，60年代平均为36.0万亩，70年代平均为40.2万亩，80年代平均为38.5万亩。进入90年代后，棉田面积缓慢下降，1998年以前，全市棉花种植面积保持在30万亩左右，总产2万吨左右，1998年以后，全市棉花种植面积锐减到20万亩左右，减少近10万亩，减幅达30%。到2000年以后，基本稳定在20万亩以上。近10年来，汉川市年平均植棉面积23万亩左右，平均皮棉单产90千克，总产2万吨以上。

2. 植棉效益

（1）籽棉价格。2005-2014年的10年间，籽棉收购价格呈"低-高-低"走势，最高年份为2010年，平均每千克10.6元，当年最高收购价达14.0元。2011年开始，棉价持续下降，2014年每千克维持在6.0元上下，为近六年来的最低价，比2010年的最高价下跌了41.5%（表2-3）。

表2-3 2005-2014年汉川市籽棉平均收购价格

年份	2005	2006	2007	2008	2009	2010	2011	2012	2013	2014
平均价格（元/千克）	5.44	5.08	5.80	4.20	6.20	10.6	8.0	8.1	7.4	6.2

(2) 植棉收益。2005—2014年，棉田每亩收入年际间波动较大，从最低255.6元/亩到2192.2元/亩（表2-4）。棉田面积随上一年的收益变化趋势明显，当年籽棉价格好，收入增加，下一年植棉面积也随之增加。

表2-4　2005-2014年汉川市棉花种植成本收益统计表

年 份	2005	2006	2007	2008	2009	2010	2011	2012	2013	2014
年报面积（万亩）	25.16	25.13	26.39	26.4	22.4	23.82	25.85	24.28	23.76	22.25
籽棉收入（元/亩）	1079	1310	1514.3	862.8	1472.4	2641.7	2141.9	2163.6	1894.2	1290.4
物化成本（元/亩）	376.0	346.1	410.1	607.2	426.5	449.5	486.3	527.0	528.7	476.5
每亩含工收入(元/亩)	703	963.9	1104.2	255.6	1045.9	2192.2	1655.6	1636.6	1365.5	813.9

(3) 人工投入。近几年来，棉田人工投入成本逐年上涨，平均每亩用工15个，每个工价85元，每亩用工成本1 200元以上，扣除人工成本，2014年植棉纯收入为负值。

按每亩用工成本1 200元计算，把人工成本计算在内，籽棉价格须保持在每千克7.0元以上，棉田收支基本持平。

（二）棉田结构调整特点

2012年以来，汉川市棉田种植结构调整逐年加大，特别是2014年国家取消临时收储政策，植棉面积呈断崖式下滑。棉田种植结构调整有以下四个方面趋势。

1. 调整种植玉米

调减低产棉田改种玉米占55%，主要集中在南河、西江、分水、脉旺、沉湖等乡镇。玉米由于用工少，管理简便，已成为棉产区结构调整发展的主要作物。近两年玉米种植发展较快，全市玉米种植面积在10万亩以上。玉米主要种植模式有"早春甜玉米+秋甜玉米"、"春饲用玉米+秋甜玉米"、"马铃薯套早春玉米+秋玉米"等。正常年份，一季饲料玉米亩均种植3 200株，产量650千克，产值1430元，每亩投入500元，每亩纯收入930元。一季甜玉米每亩种植3 100株，产量1 200千克，每亩产值2 200元，亩均投入700元，每亩纯收入1 500元。

2. 调整种植水稻

低产棉田调整改种水稻、莲藕等水生作物，占35%，主要是对灌溉条件好、水源方便的棉田，主要集中于杨林沟、田二河、回龙、刁东、开发区等乡镇。

3. 调整发展蔬菜生产

城郊地区调整棉田改种蔬菜占15%，主要集中于城隍、庙头、马鞍等乡镇和西江部分村组。由于蔬菜种植技术要求高，设施投入大，市场培育难，调整种植蔬菜发展较慢，主要是有蔬菜种植基础的基地向周边农户辐射，如城隍两河垸和庙头人和垸，或者是由合作社带动发展，如昊丰蔬菜种植专业合作社。

4. 发展棉田套种

棉田套种提高了棉田综合效益，保持了棉花种植面积的基本稳定。西江乡棉田套种早甜玉米，中州农场、脉旺镇棉套西瓜，效益明显高于单作棉花，套种棉田面积萎缩相对较小，有利于棉花面积稳定。部分乡镇、村组缺乏改种条件的棉田，仍以种植棉花为主。

（三）存在的问题

汉川市棉花主产区位于长江流域优势棉花种植产业带，植棉历史较长，种植水平较高，棉区生产条件较好。棉产区种植结构调整应适应市场，有主动调整和被动调整双重因素，被动调整占了较大比例。在棉产区种植结构调整中存在着一些问题，主要表现为以下几个方面。

1. 部分棉农盲然，对结构调整无所适从

老棉区农民习惯种植棉花，从思想上难以割舍，在技术上，改种其他作物还需要技术支撑和物质投入，改种后效益也不稳定。2014年秋甜玉米由于抽穗扬花期间多阴雨，导致甜玉米结实率下降，市场价格大幅下滑，收入大幅减少，大多保本，有的甚至亏本。

2. 农业部门对棉产区结构调整引导不够

表现为信息宣传不到位，技术指导不到位，跟踪服务不到位。在棉产区调整种植玉米、蔬菜等技术服务上还没有跟上发展的步伐。

3. 棉田大规模大范围调整不利于国家棉花产业安全

从长远来看，棉花生产大起大落，将会削弱我国棉花综合生产能力，影响棉花产业发展和作为国家战略物资的产业安全。

4. 棉花调整种植面积在统计年报中没有得到适时反映

由于植棉有良种补贴，而改种大豆、玉米等作物没有补贴，棉花减少面积并没有在年报上如实地反映出来，与实际植棉面积差别较大，也不能真实反映粮食增产情况。

（四） 推进棉产区种植结构调整的建议

从国家棉花产业发展政策和国内外市场棉价来看，棉产区种植结构调整已成为必然。推进棉产区种植结构规范、有序、合理地调整，是促进棉产区农业生产稳定、农民持续增收的需要，也是确保棉花产业安全、发展粮食生产的需要。搞好棉产区种植结构调整，遵循以自愿为前提，以农民为主体，以资源为参考，以市场为导向，以效益为目标，以模式为重点，因地制宜，调整优化，做到"两个兼顾"，落实"三个到位"，实现棉产区种植结构调整调出效益，调出特点，调出优势。

1. 搞好"两个兼顾"，科学合理规划棉田结构调整

棉产区种植结构调整要兼顾好保持棉花综合生产能力和发展粮食生产两个方面。调减棉花种植面积，大力发展玉米、水稻生产，是发展粮食生产，确保国家粮食安全的很好机遇，也是实现粮食持续增产的有力保障。棉花作为国家重要的战略物资，棉花产业关系到亿万棉农、棉工、棉企的切身利益。在发展粮食生产的同时，也要从战略和长远的发展角度，在政策调整和产业布局上统筹谋划，确保国家棉花产业安全，确保棉花综合生产能力的保持和提高。在棉花主产区，稳定效益较好的棉田套种，应该继续搞好棉花综合配套技术的推广应用，搞好直播棉、机种机收等技术的试验示范，不能因调减而废棉，导致棉花生产技术滞而不前或倒退，棉花产业萎缩。应做到"藏棉于地"，"藏棉于技"，保持好棉花综合生产能力得到提升，棉花生产技术进一步得到示范推广，植棉技术得到创新提高。在国家需要棉花或国际市场棉价回升时，能够迅速发展棉花生产，满足国内外棉花

市场需求和确保国家棉花产业安全。

2. 做到"三个到位"，指导服务棉区种植结构调整

棉产区种植结构调整，不仅仅是种植作物的调整，更是技术、模式、信息、产业的更替和调整。作为农业部门，加强对棉产区种植结构调整的调研、分析和引导，因地域、因作物搞好服务指导，做到信息宣传到位，技术指导到位，跟踪服务到位。玉米作为汉川市棉产区种植结构调整的主要作物，在玉米种植品种、模式、关键技术和全程机械化发展上加强服务指导，在玉米产业发展上加大扶持力度，确保玉米种植增产增收。在蔬菜调整种植上，加强关键技术、主要模式、市场信息、合作社发展上的服务指导，防止盲目发展、低效种植和重复发展。

四、棉田改种双季甜玉米栽培技术

棉花是黄梅县第三大农作物，常年种植面积在20万亩以上，皮棉总产2万吨以上，是黄冈市棉花种植面积第一大县，长期居全省第8位或9位。但近两年来，棉花价格低迷，农民出售籽棉价格从2011—2013年的每千克8.2元，降为2014年的每千克6元左右，严重影响到棉农的植棉积极性。面对疲软的棉花市场，逐步调减棉花种植面积，改种其他作物，探索新模式势在必行。黄梅县棉花主产区农户在农业技术部门的指导和技术支持下，大力探索"春甜玉米-秋甜玉米"、"蔬菜-春甜玉米-秋甜玉米"、"双季青贮玉米"等新作物、新模式。其中孔垅镇吴河村农户的"春甜玉米-秋甜玉米"模式较有代表性。

（一）甜玉米栽培技术要点

1. 茬口安排

春玉米3月初至4月初播种，其中3月上旬播种实行地膜覆盖育苗移栽，3月下旬后播种可露地直播。6月初至6月底收获，生育期90天左右。秋玉米7月下旬至8月上旬播种，10月1日前后收获，生育期80天左右。

2. 品种选择

根据市场需求选择适宜的品种。以幼嫩果穗作水果蔬菜上市为主的，选用超甜玉米品种，推荐品种为"金中玉"；以做罐头制品为主的，选用普通甜玉米品种。同时，应注意早、中、晚熟品种搭配种植，陆续上市，从而提高经济效益。每亩用种量0.6~0.75千克，播种前应选晴天晒种2~3天，提高种子发芽率。

3. 地块选择

甜玉米发芽的顶土能力较弱，应选择土质肥沃、通透性好、酸碱度适中、排灌方便、光照充足的田块连片种植，与其他非甜玉米品种隔离种植，间隔距离300米以上，或抽雄吐丝期间隔20天以上。

播种前10~15天，对地块进行深翻后，暴晒数天，然后施入足量优质农家肥或48%复合肥50千克/亩，按1.8米做好厢，整平田面，准备播种。

4. 适时播种

土壤温度稳定在10~12℃时即可播种。春播3月上中旬，采用大棚、拱棚、双膜育苗，三叶一心时移栽。3月下旬至4月初直播露地栽培，秋播7月20日至8月10日。

厢宽1.8米，三等行种植，行距60厘米，株距因品种及栽培水平的不同在30~35厘米，平展型品种每亩3 400株，半紧凑型品种植每亩3600~3800株。

春播最好采取催芽播种。精选饱满健壮的种子，先用清水浸泡24小时，再用50%多菌灵500倍液浸种2~3小时，捞出后清洗干净，控干催芽。将种子放在铺有干麻布的容器中，在种子表面喷适量40~50℃的热水，盖上湿布，在25~28℃的温度下24小时后芽即可出齐。若外界温度低，采取增温措施，促进种子萌发。芽以露白为好，不宜太长。

播种方式可采用露地直播或育苗移栽。直播一般采用点播或穴播，播种深度4~5厘米，每点(穴)播种2~3粒。育苗移栽有利节约种子和提早成熟，最好是穴盘育苗，2~3叶期带土移栽，尽量避免伤根。

5. 田间管理

3~4叶时间苗和移苗补缺，移苗时要带土，栽后即浇水，最好在傍晚或阴天进行。5叶期定苗，每穴留1株，并中耕除草。拔节期至大喇叭口期前培土。同时，及早除蘖抹杈，及时人工辅助授粉和去雄，适当剥去多余小穗。

6. 肥水管理

甜玉米必须做到施足底肥，一般每亩施48%复合肥50千克。并在8叶和抽穗扬花期每亩各追施15~20千克尿素。后期可喷施磷酸二氢钾等叶面肥1~2次。

7. 病虫害防治

采用农业、生物、化学方法综合防治纹枯病和地老虎、玉米螟等病虫害。防治地下害虫，可用3%米乐尔颗粒剂5千克/亩，混细砂在播种沟撒施；防治玉米螟可在抽雄前、花叶率达10%时用杀螟杆菌等灌心叶。为了防止农药残留，在甜玉米授粉后用生物措施防治虫害，尽量少用化学农药，禁止使用残效期长的剧毒和高毒农药。

8. 适时采收

吐丝后22～25天，甜玉米含糖量最高、皮最薄，适宜采收。

9. 秸秆处理

甜玉米收获后秸秆处理方法有两种：一是将秸秆用机械收割后，作为青贮饲料出售给奶牛场；二是直接用机械将秸秆在田内粉碎后，结合整地还田。

（二）效益分析

1. 双季甜玉米

2014年，黄梅县孔垄镇吴河村科技示范户吴振华，将原棉花地改种双季甜玉米，春玉米每亩采鲜穗1 250千克左右，单价1.8元/千克，每亩产值2 250元，扣除每亩投入种子135元、化肥260元、农药50元、人工8个×80元/个计640元，每亩共投入1 085元，每亩纯收益1 165元。

秋玉米每亩采鲜穗1 000千克左右，单价1.0元/千克，每亩产值1 000元。每亩投入种子135元、化肥180元、农药80元、人工6个×80元/个工计480元，每亩共投入875元，每亩纯收益125元。

两季每亩纯收益共计1 290元。

2. 不同模式效益比较

同期选择有代表性的棉田改种模式与双季甜玉米作成本

效益比较（表2–5）。纯收入最高的为双季甜玉米达1 448元/亩，其次是油菜–芝麻连作模式，740.6元/亩、油菜–大豆，700.6元/亩。小麦棉花收益最低，–607.9元/亩。但是大豆单产不稳定，管理较好的达，200千克/亩，差的特别是种植面积较大的，仅60千克/亩；芝麻单产更不稳定，好的达100多千克/亩，差的40千克/亩，甚至绝收，且芝麻价格波动较大；青贮玉米受到地域限制，没有奶牛场或饲养基地的，根本就没有市场。

表2–5　不同种植模式成本收益比较表（2014年）

单位：千克/亩、元/千克、元/亩、个/亩

模式		麦棉	油棉	油豆	油芝	双季青贮玉	双季甜玉米
头季收入	单产	167	160	160	160	3500	1250
	单价	2.3	5.16	5.16	5.16	0.22	1.8
	其他	79	10	10	10	79	79
头季投入	种子	70	0	0	0	100	135
	农药	30	30	30	30	0	260
	肥料	85	85	85	85	100	50
	其他	0	0	0	0	0	0
	人工　个	3	5	5	5	3	8
	元	240	400	400	400	240	640
	小计	425	515	515	515	440	1085
二季收入	单产	275	275	200	160	2000	1000
	单价	6	6	4.7	15	0.22	1
	其他	15	15	0	0	0	79

续表

模式		麦棉	油棉	油豆	油芝	双季青贮玉	双季甜玉米
二季投入	种子	50	50	100	30	100	135
	农药	110	110	30	20	0	180
	肥料	280	280	90	100	100	80
	其他	31	31	100	0	79	0
	人工 个	23	23	3	6	3	6
	元	1840	1840	240	480	240	480
	小计	2311	2311	560	630	519	875
合计	总产值	2128.1	2500.6	1775.6	1885.6	1289	3408
	总投入	2736	2826	1075	1145	959	1960
	纯收入	−607.9	−325.4	700.6	740.6	330	1448

说明：其他收入包括农作物补贴棉花15元、油菜10元、玉米和小麦79元；其他投入包括机械、地膜等，人工统一按80元/个计算。

（三）存在的问题

1. 市场制约

甜玉米产量和效益较高，但是本地销售市场相对较小，种植面积增加后，市场将会供大于求，甜玉米售价降低，导致农户亏损。春甜玉米种植面积较小，价格达1.8元/千克，会出现跟风现象，秋甜玉米大面积种植，导致价格下跌。

2. 机械化制约

从成本上看，甜玉米投入最大的是人工，占总投入的57%以上。如果能实现从种到收全程机械化，特别是收获能机械化，将大大降低生产成本。

3. 冬季空闲

棉花改种双季甜玉米后，田间作物生长期在3月至10月，

11月至次年2月不能种植油菜和小麦，形成空白田。

（四）发展建议

1. 开拓市场

积极开拓南昌、武汉、合肥、广州等外销市场，并相应组建新型农业经营主体（家庭农场、专业合作社），实行规模化生产，走产、供、销一条龙模式。

2. 提高复种指数

应充分利用冬闲期，种植红菜薹等蔬菜作物，实现利益最大化。

3. 农机与农艺结合

与科研部门合作，实现甜玉米生产全程机械化。

4. 优化高效模式

棉花主产区基本上都是传统模式种植区，在棉花面积调减后，新模式的应用仍需继续摸索。需要依靠科研部门、推广机构和科技示范户不断示范和优化，在兼顾劳动力、市场等多种因素的同时，使种植户收益达到最大化。

第三章　玉米生产基础信息

通过对棉花主产区的调查，前几年调减的棉田，有60%~70%种植玉米，2015年及今后几年，调减下来的低产棉田，棉农的种植意向仍然是以发展玉米生产为主。随着四个现代化的快速推进，尤其是城镇化的发展，城市人口不断增加，城乡居民生活水平日益提高，对农产品的需求数量增多，质量提升，结构优化，食用主粮减少，肉、蛋、奶增多。这就需要加快发展畜牧、水产养殖业，而养殖业的饲料主要成分是玉米，因此必须因地制宜调整种植结构，加速发展玉米生产，缓解玉米市场供不应求的矛盾，促进现代农业全面、持续、高效发展。

本章着重介绍国内外玉米生产、需求、贸易、加工、品种等方面的信息，供广大棉农参考。

第一节　发展玉米生产的重要性

玉米是一个古老的作物，原产于美洲，7 000多年以前的印第安人就开始栽培野生玉米。1492年哥伦布发现美洲大陆后，才将玉米陆续传播到欧洲、亚洲和非洲等地。玉米传到中国的最早文献记载是1511年的《安徽颍州志》。

有一位科学家评价玉米时说过，在粮食短缺时，人们追

求吃饱饭，就积极种植玉米，采摘鲜穗度饥荒；当粮食基本解决温饱时，人们追求吃大米、白面，就可能忽视玉米生产；当步入小康生活水平时，人们追求吃肉、蛋、奶营养食品，就会大力发展玉米生产。玉米是重要的食品、饲料和工业原料兼用作物，是全世界公认的农作物"高产之王"，养畜的优质"饲料之王"，农产品加工的"原料之王"。玉米全身都是宝，综合利用效益高。

一、玉米是主要的粮食作物

玉米是用途最为广泛的粮食作物。玉米籽粒营养丰富，堪称"五谷之王"，籽粒中平均淀粉含量72%，脂肪4.9%，蛋白质9.6%，糖分1.58%，纤维素1.92%，矿质元素1.56%，已经成为不可缺少的健康食品。

（一）全球玉米产量

2013年，全球玉米播种面积26亿亩，总产量9.6 428亿吨，均居谷物之首，总产量占谷物总产量24.32亿吨的39.6%，人均玉米数量136千克。

（二）中国玉米产量

2013年全国玉米播种面积5.45亿亩，总产量21 849万吨，占粮食总产量60 194万吨的36.3%，均居粮食作物之首（水稻面积4.55亿亩，总产量20361万吨；小麦面积3.62亿亩，总产量12 193万吨），人均玉米数量161千克。

（三）湖北玉米产量

湖北省玉米种植面积最大的是2014年，达960.2万亩，总产量282.6万吨；单产最高的是2010年，每亩335千克。鄂北岗地、江汉平原、鄂中丘陵和鄂东南丘陵山区发展比较快，全省人均玉米数量只有46千克。

二、玉米是增产潜力很大的作物

玉米是C_4作物，光合效率高，生产潜力大，是当今世界上单位面积产量最高的农作物。

（一）世界玉米高产纪录

1985年，美国伊利诺伊州农场主赫尔曼·沃尔索创造了亩产1548.3千克；1996年美国衣阿华州柴欧德创造了亩产1646.5千克；2002年柴欧德又创造了亩产1 850.2千克的世界玉米高产新纪录，如图3-1所示。

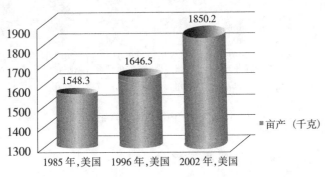

图3-1　世界玉米高产纪录

（二）中国玉米高产纪录

1989年，山东省莱州农业科学院紧凑型玉米育种专家李登海先生，用自育的紧凑型杂交玉米品种掖单13，夏播亩产1 096.3千克；2005年又创造亩产1 402.8千克的中国玉米高产纪录。2007年农业部组织全国开展玉米高产竞赛活动，

共有12个省（市、区）91块地参加了竞赛，经过验收，有21块地亩产超过1 000千克，其中11块地亩产在1 100千克以上，3块地采用春播地膜覆盖栽培，亩产达1 200千克以上。2012年新疆建设兵团农六师奇台总场，创造玉米亩产1410.3千克高产纪录，2013年亩产突破1 500千克，在八道滩一队3号地，面积1.3亩，实收亩产1 511.74千克，如图3-2所示。

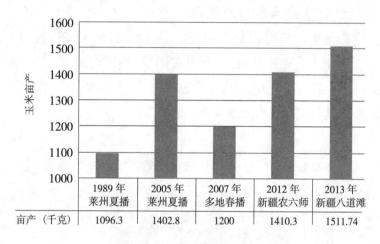

亩产（千克）	1989年莱州夏播	2005年莱州夏播	2007年多地春播	2012年新疆农六师	2013年新疆八道滩
	1096.3	1402.8	1200	1410.3	1511.74

图3-2　中国玉米高产纪录

（三）湖北玉米高产纪录

1997年，恩施市双河乡下坝村二组科技示范户陈凡才，1.5亩地膜覆盖栽培玉米亩产875千克，被湖北省科技厅授予玉米高产状元；巴东县绿葱坡镇祁家坪村张圣轩2亩地膜玉米，亩产849千克；襄阳市玉米栽培专家叶长青，1990年选用掖单13，在襄州区朱集镇翟湾村进行夏播高产攻关，创亩产806.1千克的夏玉米高产纪录。

三、玉米是养畜的优质饲料

玉米籽粒和茎叶都是优质饲料，籽粒是养猪、养鸡（图3-3）配合饲料中的主要能量原料，一般在配方中的比例为65%～70%。全国玉米用作饲料的比重占玉米总产量的60%左右。玉米绿嫩茎叶含粗蛋白2.58%、粗脂肪0.81%、碳水化合物20.09%、粗纤维5.91%、矿物质1.99%（表3-1），是养牛的优良青饲料（图3-4）。人们每日生活中所需的肉、蛋、奶都是以玉米为主要原料转化生产出来的。随着畜禽规模化养殖快速发展，由过去一家一户以青饲料、米糠、麦麸、剩菜剩饭喂猪，转变为使用工厂化生产的配合饲料，对玉米的需求数量将呈明显增加趋势。

表3-1　十一五期间国审与鄂审普通玉米品种品质检测结果表

年份	审定	品种数量（个）	粗淀粉（%）	粗蛋白（%）	粗脂肪（%）	赖氨酸（%）	容重（克/升）
2006	国审	49	72.79	9.74	4.52	0.298	744.5
	鄂审	3	73.38	9.20	4.49	0.287	
2007	国审	25	72.32	9.64	4.30	0.289	737.4
	鄂审	0					
2008	国审	17	71.94	9.92	4.07		733.1
	鄂审	6	70.66	10.50	4.13	0.307	758.2
2009	国审	12	72.14	9.80	4.39	0.298	730.9
	鄂审	14	71.98	10.11	4.67	0.311	748.3
2010	国审	16	72.57	9.64	3.68	0.291	737.8
	鄂审	11	72.46	8.98	4.65	0.262	756.8

图3-3　玉米籽粒作配合饲料　　图3-4　玉米茎叶饲养牛、羊
　　　　养猪、养鸡

四、玉米是加工业的重要原料

（一）全球玉米加工

以玉米为原料的加工食品有1 800多种，随着科学技术的发展，全球玉米加工程度不断深化，工业加工对玉米的消费领域不断扩大，并作为基础性工业原料广泛用于食品（图3-5）、医药、汽车、化工等行业。加工乙醇数量比较多，2013年全球玉米加工乙醇数量达8 700多万吨，其中美国5 000万吨，巴西2 500万吨，欧盟450万吨，中国200多万吨。

图3-5　玉米加工产品

(二) 中国玉米加工

随着经济发展和科技进步，中国玉米产业在饲料消费稳步增长的同时，工业消费呈现迅速增长的态势，玉米已成为重要的工业原料，玉米加工业逐渐成为整个玉米产业链中最富有竞争力的主导产业。玉米加工基本上是以淀粉、燃料乙醇、酒精和葡萄糖为主，目前加工的产品约150多种。玉米深加工中消耗玉米最大的产品是淀粉，占深加工玉米总量的57%，第二是燃料乙醇和酒精，占29%。中国玉米加工正在由以饲料、淀粉、酒精为主要产品的初加工，向以淀粉、葡萄糖、变形淀粉、酒精、酶制剂、调味品、医药、化工八大类别为主要产品的精深加工，乃至生化加工转变，所生产的合成纤维和工程塑料等产品，被广泛用于食品、纺织、汽车、电子、医疗等多个领域。

第二节　玉米市场供求情况

从目前玉米生产与市场供应情况看，全球玉米生产稳步发展，商品玉米主要集中在美国等发达国家，靠挖库存保市场供给；中国玉米生产虽然快速发展，但是仍不能满足市场需求，由净出口国家转为净进口；湖北玉米生产近几年虽然发展较快，但是供需缺口仍然很大，将长期靠调进缓解市场供不应求的矛盾，压力很大。

一、全球玉米产需情况

(一) 玉米生产

近年来，全球玉米种植面积不断扩大，20世纪60年代为

15.95亿亩，单产145千克，总产量2.3 073亿吨；70年代为
18.04亿亩，单产188千克，总产量3.3 866亿吨；80年代为
19.14亿亩，单产228千克，总产量4.3 639亿亩；90年代为
20.14亿亩，单产267千克，总产量5.3 736亿吨；2004年为
22.05亿亩，单产327千克，总产量7.2 138亿吨。2011年发展
到25.34亿亩，单产341千克，总产量达8.65亿吨，居谷物之
首，消费数量达8.67亿吨，每年都在挖库存保供给，2013年
26亿亩，9.64亿吨（表3-2）。玉米生产主要集中在美国、中
国、欧洲三大玉米带。

表3-2　2013年全球谷物供需情况表　　　　单位：亿吨

产品名称	生产量	消费量	贸易量	库存量
谷物合计	24.32	23.96	3.34	4.83
小麦	7.06	7.03	1.54	1.78
玉米	9.64	9.37	1.12	1.62
稻米	4.73	4.73	0.39	1.06

1. 美国玉米生产带

主要集中在美国中北部平原地区的衣阿华州、伊利诺伊
州、印第安纳州、明尼苏达州、俄亥俄州、内布拉斯加州等
（图3-6）。2013年美国玉米面积5.9亿亩，总产量3.5 533亿吨，
占全球的36.9%，总产量比2012年增加8 150万吨，出口量3 683
万吨，比上年度增加1 825万吨，消费量2.9 465亿吨，比上年
度增加3 107万吨，其中加工生产乙醇1.26亿吨，比上年度增
加800万吨。

2. 中国玉米生产带

主要集中在东北地区的黑龙江、吉林、辽宁、内蒙古、

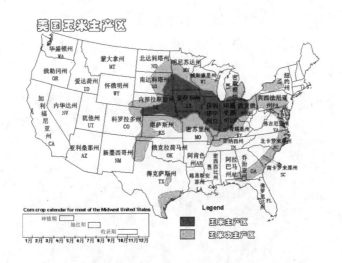

图3-6　美国玉米生产带

山西；黄淮海地区的山东、河南、河北、陕西及安徽和江苏北部；西南地区的四川、云南、贵州、广西、重庆、湖北和湖南西部（图3-7）。2013年全国玉米种植面积5.4 478亿亩，总产量2.1 849亿吨。

图3-7　中国玉米生产带

3. 欧洲多瑙河流域玉米生产带

主要集中在欧洲中部的奥地利、意大利、斯洛伐克、匈牙利、南斯拉夫、克罗地亚等国家（图3-8）。

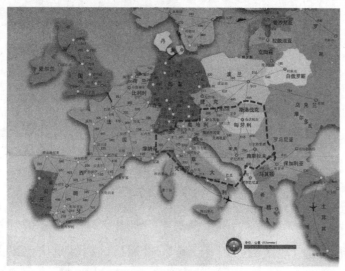

图3-8　欧洲多瑙河流域玉米生产带

（二）玉米贸易

玉米出口较多的国家有美国、阿根廷、巴西和法国等，进口数量较多的国家有日本、韩国、墨西哥、埃及、西班牙、伊朗、哥伦比亚等（表3-3）。

表3-3　2010年全球玉米出口与进口前10位的国家统计表

出口国家			进口国家		
名称	数量(万吨)	占比(%)	名称	数量(万吨)	占比(%)
美国	5134.8	46.85	日本	1836.7	18.04
阿根廷	1770.0	16.15	韩国	968.2	9.51

出口国家			进口国家		
名称	数量（万吨）	占比（%）	名称	数量（万吨）	占比（%）
巴西	1090.5	9.95	墨西哥	889.8	8.74
法国	665.3	6.07	埃及	589.5	5.79
乌克兰	408.8	3.73	西班牙	449.0	4.41
匈牙利	390.2	3.56	伊朗	411.3	4.04
罗马尼亚	207.1	1.89	哥伦比亚	410.3	4.03
印度	185.2	1.69	马来西亚	349.2	3.43
塞尔维亚	167.7	1.53	荷兰	328.8	3.23
巴拉圭	142.5	1.30	阿尔及利亚	315.6	3.10
合计	10162.1	92.7		6548.4	64.3

美国是全球玉米生产第一大国，2011年种植面积5.55亿亩，总产量3.17亿吨，占全球玉米总产量的36.6%，其中用于生产乙醇的达1.23亿吨，占玉米总产量的39%（2006年玉米总产量2.676亿吨，其中饲料和食用占55%、出口占19%、生产乙醇占14%、工业加工占12%），出口玉米数量逐年减少，由6 000多万吨降至4 000多万吨（1991年出口占世界贸量的89.37%，2010年降为46.85%）。2012年遭受60年一遇的大旱灾，减产4 000多万吨，因而全球玉米市场供应紧张，价格猛涨。

二、中国玉米需要进口

中国是全球玉米生产和消费仅次于美国的第二大国。近年来，玉米种植面积逐年扩大，产量快速增加，但是仍不能满足养殖业和加工业的发展需要，由净出口转为净进口国

家。全国玉米种植面积1980—1989年平均为2.89亿亩，总产量0.69亿吨；1990—1999年平均种植面积3.42亿亩，总产量1.19亿吨；2000—2009年平均种植面积4.0亿亩，总产量1.36亿吨；2011年种植面积发展到5.03亿亩，总产量达1.93亿吨。但是仍然跟不上养殖业（年出栏生猪6.62亿头、家禽113.27亿只）、食品和医药加工业快速发展对玉米的需求，由净出口国家转变为净进口，2010年净进口144.6万吨，2011年为161.7万吨，2012年为521万吨（表3-4）。全国进口粮食（包括大豆）7 300多万吨，平均每人55千克。

表3-4　中国玉米生产、消费、出口、进口情况表

年份	种植面积（万亩）	总产量（万吨）	消费量（万吨）	出口量（万吨）	进口量（万吨）
1980-1989	28868	6942.0	–	246.3	84.5
1990-1999	34209	10977.6	–	576.3	59.8
2000	34584	10600.0	11534	1047.9	3.0
2001	36423	11408.8	11520	600.0	3.9
2002	36951	12130.8	11930	1167.5	0.8
2003	36102	11583.0	12010	1639.1	0.1
2004	38169	13028.7	12510	232.4	0.3
2005	39537	13936.5	13020	864.2	0.4
2006	42695	15160.3	14185	309.9	6.5
2007	44216	15230.6	14325	491.8	3.5
2008	44796	16591.4	15150	27.3	5.0
2009	46774	16397.4	16325	12.9	8.5

年份	种植面积 （万亩）	总产量 （万吨）	消费量 （万吨）	出口量 （万吨）	进口量 （万吨）
2010	48750	17724.5	17811	12.7	157.3
2011	50313	19278.1	18601	13.6	175.3
2012	52400	20810.0	19345	11.2	521.0
2013	54478	21848.9	19925	7.8	326.0

据业内人士分析，"十二五"期末，全国玉米年消费将达2.2亿吨以上，中国玉米进口数量可能上升到600万吨以上。国务院发展研究中心研究员程国强分析指出，中国玉米供需格局正在出现转折性变化，由过去的相对充裕转变为供不应求，供需缺口逐步扩大。国内玉米深加工需求已由2008年的3 500万吨增至目前的5 000多万吨。即使在全国玉米获得丰收的前提下，由于深加工需求的快速增长，市场供需缺口仍会扩大（表3-5）。

表3-5 中国玉米供需数量平衡情况

项目	2009 年		2010 年		2011 年		2013 年	
	数量 （万吨）	比例 （%）	数量 （万吨）	比例 （%）	数量 （万吨）	比例 （%）	数量 （万吨）	比例 （%）
总产量	16397		17725		19278		21849	
消费量	16325	96.6	17811	100.5	18601	96.5	19925	91.2
食用	1409	8.6	1440	8.1	1510	8.1	1600	8.0
饲用	10958	67.1	11741	65.9	10847	60.9	12680	63.6
工业用	3830	23.5	4500	25.3	5165	27.8	5500	27.6
种用	128	0.8	130	0.7	136	0.7	145	0.7

国家在东北和黄淮海玉米生产区，批准建成了吉林燃料乙醇、黑龙江华润酒精、河南天冠燃料乙醇、安徽丰原燃料酒精等燃料乙醇定点生产企业；还建设了长春大成、中粮、西王集团及吉林德大集团等一大批大型玉米加工龙头企业，玉米加工转化数量成倍增长；为满足人民生活水平日益提高对肉、蛋、奶的需要（表3-6），全国各地发展了一大批规模养殖企业，需要大量的玉米作配合饲料原料。

表3-6　全国人均肉、蛋、奶数量　　　单位：千克

项目	2001 年			2006 年			2013 年		
	肉	蛋	奶	肉	蛋	奶	肉	蛋	奶
全国	50.9	18.8	9.0	61.4	22.5	25.2	62.9	21.2	26.9
湖北省	44.4	29.8	1.5	57.3	21.9	2.4	74.3	25.1	2.7

三、湖北省玉米供不应求

（一）玉米生产区域

湖北玉米种植比较广泛，各市（州）、县（市、区）都种植有玉米。依据地理生态、海拔高度、气候特点等条件，分为鄂西山地玉米区、平原丘陵玉米区和鄂北岗地玉米区。

1. 鄂西山地玉米区

区域范围在东经112°以西，包括恩施自治州、十堰市和神农架林区及宜昌和襄阳两市的西部山区。以春播套种玉米为主，部分低山区种植有少量的夏播玉米。

2. 平原丘陵玉米区

区域范围在东经112°以东，北纬31°以南的长江和汉江

平原、鄂中丘陵、鄂东南和鄂东北丘陵地区，包括武汉、荆州、荆门、黄冈、黄石、鄂州、咸宁、孝感、仙桃、天门、潜江11个市及宜昌的东部。以春播玉米为主，最近几年发展了一部分夏播及秋播玉米。

3. 鄂北岗地玉米区

区域范围包括襄阳市的郊区、襄州、枣阳、宜城、老河口、随州市。最近几年夏播玉米生产发展较快（图3-9）。

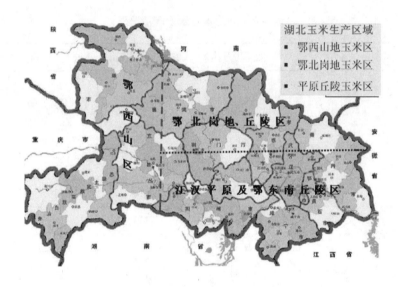

图3-9 湖北省玉米生产区域图

（二）玉米生产数量

玉米是湖北省第三大谷物，20世纪60年代，为解决缺粮问题，各地开荒扩种玉米，平均种植面积758.9万亩，总产量58.15万吨，历史上种植面积最多的年份是1961年，为874.4万亩。70年代平均种植面积583.4万亩，总产量73.4万吨；80

年代平均种植面积600.4万亩，总产量106.51万吨；90年代平均种植面积599.7万亩，总产量149.1万吨；2000—2009年平均种植面积623.9万亩，总产量202.4万吨。2006年以来开始持续发展，呈现面积、单产、总产全面增加的可喜局面。2010年种植面积恢复到824.6万亩，单产335千克，总产量276.2万吨，2012年发展到890万亩，总产量282.6万吨，取得了双超历史的可喜成果（表3-7）。

表3-7　湖北省玉米生产情况表

年份	面积(万亩)	单产(千克/亩)	总量(万吨)
1961	874.4	63	55.3
2001	601.4	324	194.9
2002	586.2	320	187.4
2003	511.7	327	167.5
2004	536.3	334	179.1
2005	584.4	333	194.9
2006	662.0	315	208.3
2007	654.5	313	205.1
2008	705.6	321	226.4
2009	760.9	321	244.1
2010	797.7	327	261.0
2010	824.5	335	276.2
2012	890.0	318	282.6
2013	860.2	315	270.8

2013年夏季严重干旱，造成玉米面积和产量均有所下降。发展比较快的区域主要是襄阳市的枣阳、襄州、老河口夏播玉米；鄂中丘陵地区的当阳、钟祥、京山等春、夏播玉米；江汉平原的仙桃、潜江、天门、洪湖、蔡甸、汉南、汉川、嘉鱼等春播玉米。但是，玉米生产发展仍然滞后于畜牧养殖业和食品加工业，2013年全省年需玉米近600万吨，其中用于养猪、禽的饲料玉米500万吨（2013年全省出栏肉猪4 180.8万头、禽4.99亿只），居民口粮食用50万吨，加工原料50万吨。自产不足300万吨，每年仍需要调进玉米300万吨左右，才能保障市场供给。如果一旦出现玉米供应短缺问题，就会影响到畜牧业的发展，进而波及农业增效和农民增收，以及城乡居民肉、蛋、奶的供应。根据国际、国内玉米贸易市场分析，今后玉米主产区调出的商品玉米数量将呈减少的趋势，要满足省内玉米市场供给，必须走自主发展生产、增加总产量为主，外购调进为辅的路子。

（三）湖北省玉米生产发展目标

湖北省地处长江中游，位居全国中部，是全国三大玉米产区的交汇处，地理区位、自然气候、生产条件等具有南北方玉米生产的优势。西部山区的恩施州、十堰市、神农架林区及宜昌市和襄阳市的西部，属西南山地丘陵玉米区；江汉平原及鄂东地区属于南方丘陵玉米区；鄂北地区玉米的种植方式与黄淮平原夏播玉米区相似。

因地制宜，挖掘耕地生产潜力，扩大玉米种植面积，力争到2020年，玉米种植面积发展到1 400万亩以上，单产提高到400千克，总产量达560万吨。

1. 调减低产棉田

调减分散、易涝、易旱、低产棉区棉田面积，发展玉米生产200万亩。

2. 开发利用江河滩涂

我省长江和汉江有可开发的滩涂面积150多万亩，近期可开发100万亩种植玉米。

3. 充分利用丘陵平原资源

将一些种植低产、低效、投工较多的旱杂粮等作物的旱地，以及水资源紧缺、自流灌溉条件差的丘陵、岗地水田改种成高产的杂交玉米，可扩大玉米种植面积100万亩。

4. 发展间作套种

城镇郊区充分发挥劳动力和技术优势，提高复种指数，扩大鲜食为主的玉米种植面积50万亩以上；鄂西山区坚持推广玉米与马铃薯、魔芋、中药材等多种套种方式，稳定玉米种植面积。

第三节　玉米生长发育与环境条件

玉米生育周期，从生产角度讲，人们常把玉米籽粒播种到成熟收获，称为玉米的一生。在生物学上，玉米的生活周期，应从卵子受精形成合子时起，经过一系列生长发育，到新的合子形成时止。玉米生活周期的完成，是一个连续不断的发展过程，是其营养器官及生殖器官共同生长发育的结果。

一、玉米生育进程

在玉米生产上，从出苗到籽粒成熟期所经历的天数称生育期，其长短主要决定于基因型，也因光照、温度、肥水等环境条件的不同而变化。通常品种叶片数多的生育期较长，叶片数少的生育期较短；日照较长、温度较低或肥水充足时，生育期较长，反之则较短。

（一）玉米生育期划分标准

玉米生长发育过程中，由于根、茎、叶、穗、粒等器官的出现，植株外部形态也随之发生变化。玉米生育时期就是指某种新器官出现，使植株形态发生特征性变化的日期。常用的有以下几个生育期：

1. 播种期

播种当天的日期，以月/日表示（下同）。

2. 出苗期

全田有50%穴数的幼苗出土，苗高达2～3厘米的日期。

3. 拔节期

植株基部茎节开始伸长，茎节长度达2～3厘米，雄穗生长锥进入伸长的日期为拔节。全田60%以上的植株拔节称为拔节期（图3-10）。标志着植株茎叶已全部分化完成，将要开始旺盛生长，雄花序开始分化发育，是玉米生长发育的重要转折时期之一。

图3-10　玉米拔节期植株性状

4. 抽雄期

全田50%植株雄穗主穗从顶叶露出3～5厘米时称为抽雄，

全田60%以上植株抽雄，称抽雄期（图3-11）。此时，植株的节根层数不再增加，叶片即将全部展开，茎秆下部节间长度与粗度基本定型，雄穗分化已经完成。

5. 开花期

雄穗主穗小穗开始开花的日期（图3-11）。

6. 吐丝期

全田50%以上植株的雌穗花丝从苞叶伸出2～3厘米的日期（图3-11）。正常情况下，玉米雌穗吐丝期和雄穗开花期同步或迟2～3天。若抽穗前10～15天遇干旱，这两个时期的间隔天数增多，严重时会造成花期不遇，授粉受精不良。

图3-11　玉米抽雄、开花、吐丝期植株性状

7. 成熟期

全田90%以上植株的果穗苞叶自然变黄松散，果穗中下部籽粒乳线消失，胚位下方尖冠处出现黑色层的日期（图3-12）。此时籽粒变硬，干物质不再增加，呈现品种固有的形状和粒色，是收获的适期。

图3-12 玉米成熟期穗粒性状

（二）玉米生育阶段

玉米根、茎、叶等营养器官的生长和穗、粒等生殖器官的分化发育，在全生育过程中表现有明显的主次关系。按其形态特征和生长性质，可将玉米生育期划分为不同的生育阶段。按器官出现，一般划分为苗期、穗期和花粒期三个生育阶段。

1. 苗期阶段

从播种期到拔节期一段生长过程（图3-13）。

（1）生长特点。玉米种子播种后，种子吸水膨胀，开始萌发，先是胚根突破皮层伸长下扎，随后胚芽向上生长，

图3-13 玉米苗期植株长势

幼苗在发芽出苗过程中消耗的养分及能量均由种子胚乳供给，是异养过程。随着根系生长扩大，展开叶增多，绿色面积及光合产物增加，幼苗营养逐渐全部自给，一般从第三片叶展开时就过渡到自养过程。

苗期阶段，玉米主要进行根、茎、叶的分化和生长。此期间，植株的节根层、茎节及叶全部分化完成，形成了胚根系，长出的节根层数约达总节根层数的50%，展开叶约占品种总叶数的30%。因此，从生长器官的属性来说，苗期是营养生长阶段，由器官建成的主次关系分析，这个阶段是以根系生长为主。

(2) 管理重点。在苗期阶段，玉米生产管理的重点是培育壮苗，打好丰产基础。壮苗的个体长相标准是根系发达、叶片肥厚、叶鞘扁宽、苗色深绿、新叶重叠；整体表现为苗全、苗齐、苗匀、苗壮。栽培技术上着重搞好精细整地与播种，防治地下害虫，追施攻苗肥等。

2. 穗期阶段

从拔节期至雄穗开花期一段时间为穗期阶段。

(1) 生长特点。玉米穗期阶段，根、茎、叶等营养器官旺盛生长并基本建成，一般增生节根3～5层，占节根总层数50%左右，而根量增加却占总根量70%以上；节间伸长、加粗、茎秆定型；展开叶数约占总叶数70%。在这个阶段，玉米完成了雄穗和雌穗的分化发育过程，是营养器官生长与生殖器官分化发育同时并进阶段。本阶段地上器官干物质积累始终以叶、茎为主，拔节期至雄穗四分体期，以叶为主，全株叶片干物质占地上总干重67%以上，之后茎生长加快，到开花期茎叶干重所占地上干物质重90%以上（图3-14）。

图3-14　玉米穗期植株长势图

（2）管理重点。玉米穗期阶段，田间管理重点，主要是调节植株生育状况，促进根系发展，使茎秆中下部节间短粗、坚实，保证雌穗、雄穗分化发育良好，建成壮株，为穗大、粒多、粒重奠定基础。栽培技术上着重搞好因苗追施穗肥，防治虫害，预防暴雨风灾造成倒伏等。

3. 花粒期阶段

雄穗开花期至籽粒成熟期经历的时间为花粒阶段。

（1）生育特点。玉米从开花期开始，进入以开花、吐丝、受精结实为中心的生殖生长阶段。玉米成熟籽粒干物质的85%～90%是绿叶在这个阶段合成的，其余部分来自茎叶的贮存性物质。在吐丝期，叶片合成物质分配给雌、雄穗的分别占7.78%～8.43%和6.01%～8.55%，灌浆成熟期间，干物质的57.24%～64.07%分配到雌穗，其中籽粒占44.47%～50.94%（图3-15）。

图3-15　玉米花粒期植株果穗长势图

（2）管理重点。玉米花粒期阶段，田间管理重点，是主攻穗大、粒多、粒重。栽培技术上着重搞好防倒伏、防病虫危害、防旱涝灾害，达到高产丰收的目标。

二、玉米生长发育所需环境条件

玉米生长发育所需的主要环境条件有温度、光照、水、矿物养分及土壤等，了解玉米生长发育与环境因素的关系，是运用农业措施调整植株生长，培育壮苗，实现高产、优质、低耗的重要依据。

（一）天赋营养

玉米生长发育所需要的天赋营养，主要有温、光、水等必需的自然资源气候条件。

1. 温度

玉米是喜温作物，在不同生长发育时期，均要求较高的温度。以10℃作为生物学零度，高于10℃才是有效温度。

（1）播种至出苗期。玉米种子在6~7℃时开始萌动发芽，但发芽慢，易发生烂种现象。一般在10℃以上发芽正常，最适宜的温度为25~28℃，10~12℃时发芽较稳健。因此，生产上一般以土层5~10厘米土温稳定在10~12℃时为春玉米的始播期。地膜覆盖栽培，可抢在表土层地温稳定通过8~10℃时播种。

（2）出苗至开花期。玉米从出苗到开花，生长发育的速度，决定于温度的高低。根系生长最适宜的温度为20~24℃，4.5℃以下停止生长。茎秆生长最适宜温度为24~28℃，最高32℃以上，12℃以下停止生长；叶片生长最适宜温度为25~27℃，最高30~33℃，10℃以下停止生长。玉米幼苗在4~5叶前有一定的耐低温能力，短时间零下3℃的低温霜冻，对幼苗生长无明显危害，但零下4℃低温持续1小时以上，幼苗就会遭受严重冻害，甚至造成死亡。5片叶之后抗寒性逐渐降低，6片叶时生长点仍然在地面以下，轻微的冻害不至于冻死生长点。如果6片叶以后再遇到霜冻，生长点已经长出地表，就不能抵抗霜冻了。总之，温度低于3℃或高于40℃都会抑制幼苗的生长。

（3）抽雄至授粉期。玉米抽雄、吐丝至授粉期，对温度的要求极为敏感。此期最适宜的日平均温度为25~27℃，低于18℃和高于35℃雄花不开放。在28~30℃的温度和65%~80%的相对湿度条件下，花粉生活力只能维持5~6小时，8小时后生活力明显下降，24小时后完全丧失生活力；温度高于32~35℃，相对湿度接近30%时，散粉后1~2小时，花粉即迅速干枯，失去发芽力，花丝也容易枯死而降低活力。

（4）籽粒灌浆期。要求日平均温度为22～24℃。昼夜温差大有利于干物质的积累和籽粒灌浆。低于16℃影响营养物质的转运和积累。玉米成熟后期当温度低于3℃时即停止生长；遇到零下3℃的寒潮，在果穗尚未成熟而含水量很大时，就会受冻失去发芽力。

2. 光照

玉米属短日照、高光效、碳四作物。在短日照条件下发育较快，长日照条件下发育缓慢。一般在每天8～9小时光照条件下发育提前，生育期缩短；在长日照（18小时以上）条件下，发育滞后，成熟期略有推迟。早熟品种对光周期反应较弱，晚熟品种反应较强。如果出苗后长期处于短日照条件下，就会使植株矮小，提早抽雄开花而降低产量，并常会出现雄穗上长雌花的"返祖"现象，干旱和短日照共同作用则更加明显。温带品种引入热带就会表现这种情况。反之，如果出苗后长期处在长日照条件下，也会使玉米植株高大，茎叶繁茂，叶片数增多，抽雄开花期推迟，甚至不能开花。热带品种引入温带种植就会表现出这种情况。

光是玉米进行光合作用的能源，通过有机物质的合成、供应而影响植株的生育状况。在强光照条件下，合成较多的光合产物，供应各器官生长发育，茎秆粗壮坚实，叶片肥厚挺拔。玉米需光量较大，光饱和点约为100 000勒克斯以上，光补偿点为500～1 500勒克斯。在此范围内，光合作用强度随光照强度增加而增加。光强度如低于光补偿点，则合成的有机养分少于呼吸消耗量，入不敷出，植株生长停滞。

玉米不同生育时期对光照时数的要求有差异，播种前到乳熟期为8～10小时，乳熟至完熟期应大于9小时。雌穗比雄穗的发育对日照长度要求更严格，许多低纬度的品种引到高纬度地区种植能够抽雄，但雌穗不能抽丝。玉米籽粒积累的干物质90%左右是植株在抽雄扬花以后制造的。

3. 水分

水分是决定玉米生命活动的原生质重要成员（原生质80%是水）。有了水玉米叶片才能进行光合作用，制造各种有机物质；根系才能从土壤中吸收氮、磷、钾等矿质元素。矿质元素在植株内的运转、分配和合成有机物质的过程，都必须在水分充足的条件下才能正常进行。水分还可以通过叶面蒸腾来调节植株的体温，玉米的蒸腾系数一般在250～320克，即制造1千克干物质需耗水250～320千克，生产1千克玉米籽粒要耗水0.664立方米。春玉米一生耗水量为200～240立方米，夏玉米一生耗水量约为240立方米左右。

玉米种子萌发时，全部膨胀需要的水量占种子绝对重量的48%～50%，玉米播种出苗最适宜的田间持水量为65%～70%，低于50%出苗就困难。出苗到拔节田间持水量保持在60%左右，有利于促进根系生长发育，茎秆粗壮。玉米抽雄前10天至抽雄后20天，是玉米需水的临界期，此期田间持水量一般保持在75%～80%，玉米高产田应达到80%，若低于60%，就会造成"卡脖旱"而不能正常抽雄散粉或吐丝，造成严重减产。乳熟末期到蜡熟期，田间持水量应保持在75%左右。玉米受精后的灌浆期，大量的物质向籽粒运输，仍然需要较多的水分。蜡熟到完熟期需水量虽减少，但为防止植株早衰，田间持水量也应保持在65%左右，不能低于45%，

这样才能确保穗大、粒多、粒饱、高产。

（二）土壤营养

玉米生长发育需要有适宜的土壤环境，优越的土壤营养条件作保证。

1. 土壤

土壤是玉米扎根生长的场所，为植株根系生长发育提供水分、空气及矿物质营养。

玉米对土壤空气要求比较高，适宜土壤空气容量一般为30%，是小麦的1.5～2倍；土壤空气最适含氧量为10%～15%。因而，土层深厚，结构良好，肥、水、气、热等因素协调的土壤，有利于玉米根系的生长和肥水的吸收，根系发达，植株健壮，高产稳产。据研究，沙壤土、中壤土和壤土容重比黏土低，总空隙度和外毛管孔隙度大，通气性好，玉米根系条数、根干重、单株叶面积、穗粒数和千粒重都是沙壤土居高。

2. 矿质营养

玉米生长所需的营养元素有20多种，其中氮、磷、钾属3种大量元素，钙、镁、硫属3种中量元素，锌、锰、铜、钼、铁、硼以及铝、钴、氯、纳、锡、铅、银、硅、铬、钡、锶等属于微量元素。玉米植株体内所需的多种元素，各具特长，同等重要，彼此制约，相互促进。

玉米所需的矿质营养主要来自土壤和肥料，土壤有机质含量及供肥能力与玉米产量密切相关，玉米吸收的矿质营养元素60%～80%来自土壤，20%～40%从当季施用的肥料中吸收。

玉米对土壤酸碱度（pH值）的适应范围为5～8，以6.5～7最适宜。

第四节　杂交玉米优良品种

适宜棉区推广的杂交玉米品种有三种类型，即春播玉米品种、夏播耐高温性强的玉米品种，鲜食（甜、糯）玉米品种。不同播种季节、不同用途应选用适宜当地推广种植的杂交玉米品种。

一、春播玉米品种

适宜湖北平原丘陵地区推广种植的春播玉米品种主要有宜单629、蠡玉16、登海9号、中农大451、郁青272、康农玉901、中科10号、正大12、华凯2号、创玉38、联创9号、楚单139、福玉25等品种，部分品种果穗性状见图3-16。

图3-16　几个主栽品种的果穗性状

（一）宜单629

品种来源：宜昌市农业科学研究所用"S112"作母本，"N75"作父本配组育成的杂交玉米品种。2008年通过湖北省农作物品种审定委员会审定，品种审定编号为鄂审玉2008004。

品质产量：2006—2007年参加湖北省玉米低山平原组品

种区域试验，品质经农业部谷物及制品质量监督检验测试中心测定，容重761克/升，粗淀粉（干基）含量70.26%，粗蛋白（干基）含量10.49%，粗脂肪（干基）含量3.42%，赖氨酸（干基）含量0.30%。两年区域试验平均亩产607.67千克，比对照华玉4号增产9.58%。其中，2006年亩产620.29千克，比华玉4号增产6.67%；2007年亩产595.05千克，比华玉4号增产12.80%，两年均增产极显著。

特征特性：株型半紧凑，株高及穗位适中，根系发达，抗倒性较强。幼苗叶鞘紫色，成株中部叶片较宽大，花丝红色。果穗锥型，穗轴白色，结实性较好（图3-17）。籽粒黄色、中间型。区域试验中株高246.2厘米，穗位高100.4厘米，穗长18.2厘米，穗粗4.7厘米，秃尖长0.6厘米，每穗14.4行，每行35.3粒，千粒重333.1克，

图3-17 宜单629植株性状

干穗出籽率85.5%。生育期108.6天，比华玉4号早0.9天。田间大斑病0.8级，小斑病级1.3级，青枯病病株率2.6%，锈病0.8级，穗粒腐病0.3级，丝黑穗病发病株率0.5%，纹枯病病指14.6，抗倒性优于华玉4号。

栽培要点：① 适时播种，合理密植。露地春播3月下旬至4月上旬播种，单作每亩3 500～4 000株。② 配方施肥。底肥一般每亩施玉米专用肥或三元复合肥50千克、锌肥1千克；3～4片叶时施苗肥，每亩施尿素10千克左右；11～12片叶时施穗肥，每亩施尿素20千克左右。③ 加强田间管理。及时中耕除草，培土壅蔸，抗旱排涝。④ 注意防治纹枯病、丝黑穗病、地老虎、玉米螟等病虫害。

适宜范围：适于湖北省低山、丘陵、平原地区作春玉米种植。

（二）鑫玉16号

品种来源：石家庄鑫玉科技开发有限公司用"953"作母本，"91158"作父本配组育成的杂交玉米品种。2008年通过湖北省农作物品种审定委员会审定，品种审定编号为鄂审玉2008006。

品质产量：2006—2007年参加湖北省玉米低山平原组品种区域试验，品质经农业部谷物及制品质量监督检验测试中心测定，容重763克/升，粗淀粉（干基）含量71.18%，粗蛋白（干基）含量10.12%，粗脂肪（干基）含量3.85%，赖氨酸（干基）含量0.31%。两年区域试验平均亩产615.06千克，比对照华玉4号增产12.38%。其中，2006年亩产654.97千克，比华玉4号增产15.50%；2007年亩产575.15千克，比华玉4号增产9.03%，两年均增产极显著。

特征特性：株型半紧凑，株高及穗位适中。幼苗叶鞘紫红色，成株叶片较宽大，叶色浓绿（图3-18）。果穗筒型，穗轴白色。籽粒黄色，中间型。区域试验中株高256.8厘米，穗位高111.3厘米，穗长17.6厘米，穗粗5.2厘米，秃尖长1.0厘米，每穗17.3行，每行34.1粒，千粒重305.1克，干穗出籽率86.1%。生育期109.0天，比华玉4号早0.5天。田间大斑病0.6级，小斑病0.6级，青枯病病株率3.7%，锈病0.3级，穗粒腐病0.5级，纹枯病病指15.5，抗倒性优于华玉4号。

图3-18　蠡玉16植株性状

栽培要点：①适时播种，合理密植。露地春播3月下旬至4月上旬播种，单作每亩3 000～3 500株。②配方施肥。施足底肥，及时追肥。底肥一般每亩施三元复合肥50千克、锌肥1千克；苗肥每亩施尿素5～10千克；大喇叭口期施穗肥，每亩施尿素20～25千克。③加强田间管理。苗期注意蹲苗，中后期培土壅蔸，抗旱排涝。④注意防治青枯病、纹枯病、锈病、地老虎、玉米螟等病虫害。

适宜范围：适于湖北省低山、丘陵、平原地区作春玉米种植。

（三）登海9号

品种来源：山东莱州市农业科学院用"DH65232"作母本，"8723"作父本配组育成的杂交玉米品种。2006年通过湖北省农作物品种审定委员会审定，品种审定编号为鄂审玉2006001。

品质产量：2004—2005年参加湖北省玉米低山平原组品

种区域试验，品质经农业部谷物品质监督检验测试中心测定，粗淀粉（干基）含量74.38%，粗蛋白（干基）含量8.81%，粗脂肪（干基）含量4.67%，赖氨酸（干基）含量0.29%。两年区域试验平均亩产576.41千克，比对照华玉4号增产1.82%。其中：2004年亩产561.09千克，比华玉4号增产7.64%，极显著；2005年亩产591.72千克，比华玉4号减产3.15%，不显著。

特征特性：株型半紧凑。株高和穗位适中，根系较发达，茎秆坚韧，抗倒性较强。果穗长筒型，穗轴红色，秃尖较长，部分果穗的基部有缺粒现象；籽粒黄色，中间型，籽粒牙口较深，出籽率较高，千粒重较高（图3-19）。区域试验中株高247.2厘米，穗位高95.2厘米，果穗长18.8厘米，穗行15.4行，每行34.4粒，千粒重324.9克，

图3-19 登海9号植株性状

干穗出籽率86.3%。生育期105.4天，比华玉4号短2.7天。抗病性鉴定为大斑病1.7级，小斑病2.35级，青枯病病株率6.8%，纹枯病病指29.4，倒折（伏）率18.1%。

栽培要点：①适时播种，合理密植。露地春播3月中下旬播种，每亩3 500株。②科学施肥。施足底肥，及时追肥。底肥一般每亩施农家肥2 000千克或三元复合肥50千克、锌肥1千克；5～6片叶时追苗肥，每亩施尿素10千克左右；12～

13片叶时追穗肥，每亩施尿素20千克左右。③加强田间管理。及时中耕除草，培土壅蔸，抗旱防涝，注意防治青枯病、锈病、纹枯病、小斑病、地老虎、玉米螟等病虫害。

适宜范围：适于湖北省低山、平原、丘陵地区作春玉米种植。

（四）中农大451

品种来源：中国农业大学用"BN486A"作母本，"H127R"作父本配组育成的杂交玉米品种。2009年通过湖北省农作物品种审定委员会审定，品种审定编号为鄂审玉2009001。

品质产量：2007—2008年参加湖北省玉米低山平原组品种区域试验，品质经农业部谷物品质监督检验测试中心测定，容重752克/升，粗淀粉（干基）含量71.42%，粗蛋白（干基）含量9.67%，粗脂肪（干基）含量4.11%，赖氨酸（干基）含量0.26%。两年区域试验平均亩产612.31千克，比对照华玉4号增产11.92%。其中，2007年亩产593.45千克，比华玉4号增产14.21%；2008年亩产631.17千克，比华玉4号增产9.84%；两年均增产极显著。

特征特性：株型半紧凑，生长势较强。幼苗叶鞘深紫色，成株叶片数21片左右。雄穗分枝数5个左右，花药紫色，花丝绿色。果穗筒型，穗轴红色，部分果穗顶部露尖，苞叶覆盖较差，籽粒黄色，中间型。区域试验中株高280厘米，穗位高116厘米（图3-20），穗长17.0厘米，穗粗5.2厘米，秃尖1.4厘米，每穗16.1行，每行32.9粒，千粒重339.0克，干穗出籽率86.4%。生育期107.1天，比华玉4号早1.8天。田间大斑病0.9级，小斑病1.5级，茎腐病病株率4.3%，锈病1.8级，穗粒腐病1.2级，纹枯病病指17.2。田间倒伏（折）率低于华玉4号。

图3-20　中农大451植株性状

栽培要点：① 适时播种，合理密植。露地春播3月底至4月上旬播种。单作每亩3500株左右。② 配方施肥。掌握前控、中促、后补的施肥原则。施足底肥，注意氮、磷、钾配合施用；大喇叭口期及时追施穗肥。③ 加强田间管理。搞好"三沟"配套，及时中耕除草，培土壅蔸，抗旱排涝。④ 防治病虫害。注意防治穗腐病、纹枯病、茎腐病和地老虎、玉米螟等病虫害。⑤ 适时收获。籽粒成熟后及时收获，防止烂尖。

适宜范围：适于湖北省丘陵、平原地区作春玉米种植。

（五）郁青272

品种来源：铁岭郁青种业科技有限责任公司用"AM23"作母本，"AS51"作父本配组育成的杂交玉米品种。2012年通过湖北省农作物品种审定委员会审定，品种审定编号为鄂审玉2012002。

品质产量：2009—2010年参加湖北省玉米低山平原组品种区域试验，品质经农业部谷物品质监督检验测试中心测定，容重699克/升，粗蛋白（干基）含量9.65%，粗淀粉（干基）含量73.22%，赖氨酸（干基）含量0.31%。两年区域试验平均亩产589.26千克，比对照宜单629增产5.21%。其中，

2009年亩产633.87千克，比宜单629增产3.36%；2010年亩产544.65千克，比宜单629增产7.46%。

特征特性：株型半紧凑，株高适中，穗位整齐度较好。幼苗叶鞘、叶缘紫色，成株茎基部紫色。雄穗分枝数15个左右，花药浅紫色，颖壳紫色，花丝浅紫色（图3-21）。果穗锥型，穗柄较长，苞叶适中，穗轴红色，籽粒黄色、马齿型。区域试验中株高295厘米，穗位高123厘米，空秆率1.4%，穗长18.2厘米，穗粗5.0厘米，秃尖长1.2厘米，穗行

图3-21　郁青272植株性状

数16.2，行粒数34.7，千粒重292.6克，干穗出籽率84.3%，生育期113天。田间大斑病1.4级，小斑病1.8级，茎腐病病株率12.9%，锈病0.8级，穗腐病1.5级，纹枯病病指20.6，9级病株率3.6%。田间倒伏（折）率3.0%，与宜单629相当。

栽培要点：①适时播种，合理密植。露地春播3月底至4月上旬播种，单作每亩种植3 500株左右。②配方施肥。施足底肥，增施有机肥，苗期追施平衡肥，重施穗肥。③加强田间管理。苗期注意蹲苗，搞好清沟排渍，及时中耕除草，培土壅蔸，抗旱排涝。④防治病虫害。注意防治纹枯病、茎腐病、穗腐病和玉米螟等病虫害，重点防治蚜虫、飞虱、叶蝉等传毒媒介，预防病毒病。

适宜范围：适于湖北省丘陵、平原地区作春玉米种植。

（六）康农玉901

品种来源：宜昌盛世康农种子科技有限公司用"FL218"作母本，"FL8210"作父本配组育成的杂交玉米品种。2011年通过湖北省农作物品种审定委员会审定，品种审定编号为鄂审玉2011001。

品质产量：2009—2010年参加湖北省低山平原组玉米品种区域试验，品质经农业部谷物品质监督检验测试中心测定，容重720克/升，粗淀粉（干基）含量71.89%，粗蛋白（干基）含量10.02%，粗脂肪（干基）含量4.01%，赖氨酸（干基）含量0.30%。两年区域试验平均亩产598.64千克，比对照宜单629增产7.31%。其中，2009年亩产653.94千克，比对照增产6.63%；2010年亩产543.34千克，比对照增产8.14%。

特征特性：株型半紧凑。幼苗叶鞘紫色，成株叶片数21片左右。雄穗分枝数15个左右，花药浅紫色，颖壳紫色，花丝浅紫色。苞叶较短，有露尖现象，果穗锥型，穗轴红色，籽粒黄色，马齿型。区域试验平均株高287厘米，穗位高124厘米，空秆率1.2%，穗长17.6厘米，穗粗5.2厘米，秃尖长1.2厘米，穗行数18.7，行粒数35.1，千粒重280.1克，干穗出籽率85.1%。生育期114天。田间大斑病0.7级，小斑病1.6级，茎腐病病株率6.3%，锈病0.3级，穗腐病1.2级，纹枯病病指8.5。田间倒伏（折）率7.6%。

栽培要点：①适时播种，合理密植。露地春播3月底至4月上旬播种，单作每亩种植3300株左右。②配方施肥。掌握前控、中促、后补的施肥原则，施足底肥，适时适量追肥。③加强田间管理。搞好中耕除草，培土壅蔸，抗旱排涝。

④注意防治茎腐病、纹枯病、穗腐病和地老虎、玉米螟等病虫害。

适宜范围：适于湖北省丘陵、平原地区作春玉米种植。

（七）中科10号

品种来源：北京联创种业有限公司用"CT02"作母本，"CT209"作父本配组育成的杂交玉米品种。2008年通过湖北省农作物品种审定委员会审定，品种审定编号为鄂审玉2008005。

品质产量：2006—2007年参加湖北省玉米低山平原组品种区域试验，品质经农业部谷物及制品质量监督检验测试中心测定，容重774克/升，粗淀粉（干基）含量71.32%，粗蛋白（干基）含量10.18%，粗脂肪（干基）含量4.14%，赖氨酸（干基）含量0.30%。两年区域试验平均亩产607.54千克，比对照华玉4号增产11.01%。其中，2006年亩产648.73千克，比华玉4号增产14.4%；2007年亩产566.35千克，比华玉4号增产7.37%，两年均增产极显著。

特征特性：株型半紧凑。幼苗叶鞘紫色，第四展开叶叶缘紫色，部分植株成熟时呈紫红色。花药、颖片、花丝均为浅紫色。苞叶稍短，果穗筒型，穗轴红色，秃尖较长。籽粒黄色，中间型。区域试验中株高273.9厘米，穗位高120.8厘米，穗长18.9厘米，穗粗5.2厘米，秃尖长2.1厘米，每穗17.2行，每行34.1粒，千粒重287.5克，干穗出籽率84.0%（图3-22）。生育期109.0天，比华玉4号早0.5天。田间大斑病0.9级，小斑病1.4级，青枯病病株率7.4%，锈病1.2级，穗粒腐病0.7级，纹枯病病指19.9，抗倒性优于华玉4号。

栽培要点：
① 适时播种，合理密植。露地春播3月下旬至4月上旬播种，单作每亩3 000～3 500株。② 配方施肥。施足底肥，

图3-22　中科10号果穗性状

及时追肥。底肥一般每亩施农家肥2 000千克、三元复合肥50千克、锌肥1千克；5～6叶期施苗肥，每亩施尿素5～10千克；大喇叭口期施穗肥，每亩施尿素20千克；后期酌施粒肥提高结实率。③ 加强田间管理。苗期注意蹲苗，中后期培土壅蔸，抗旱排涝。④ 注意防治青枯病、纹枯病、锈病、地老虎、玉米螟等病虫害。⑤ 适时收获。籽粒成熟后及时收获，防止烂尖。

适宜范围：适于湖北省低山、丘陵、平原地区作春玉米种植。

（八）正大12

品种来源：襄樊正大农业开发有限公司用"CTL34"作母本，"CTL95"作父本配组育成的杂交玉米品种。原代号：CT99A12。2005年通过湖北省农作物品种审定委员会审定，品种审定编号为鄂审玉2005002。

品质产量：2002—2003年参加湖北省玉米低山平原组品种区域试验，品质经农业部谷物及制品质量监督检验测试中心测定，容重775克/升，粗淀粉含量73.24%，粗蛋白质含量

9.61%，粗脂肪含量4.04%，赖氨酸含量0.27%。两年区域试验平均亩产490.07千克，比对照华玉4号增产0.89%。其中，2002年平均亩产517.94千克，比华玉4号增产2.19%，不显著；2003年平均亩产480.19千克，比华玉4号减产0.48%，不显著。

特征特性：株型半紧凑，株高较矮，穗位适中，茎秆较粗壮，生长势较强。幼苗叶鞘绿色，成株叶色浅绿，叶片上冲，持绿期较长（图3-23）。果穗较短、筒型，穗

图3-23　正大12抗灾秋播果穗

轴红色，籽粒黄色，硬粒至半硬粒型，外观品质较优。区域试验中株高250.6厘米，穗位高114.2厘米，果穗长16.5厘米，穗行15.8行，每行31.1粒，千粒重313.6克，干穗出籽率84.03%。生育期108.6天，比华玉4号短3天。抗病性鉴定为大斑病0.65级，小斑病0.71级，青枯病病株率2%，纹枯病病指22.5，倒折（伏）率23.63%。

栽培要点：① 适时播种，合理密植。3月中旬至4月初播种，单作每亩3 200株，间套作每亩2 800株。② 施足底肥，及时追肥。底肥每亩施农家肥1 000～2 000千克或复合肥50千克，硫酸锌1千克；4～5片叶时追苗肥，每亩施尿素10千克；10～12片叶时追穗肥，每亩施尿素20千克；抽雄吐丝期视长势追粒肥，每亩施尿素3～5千克。③ 加强管理，防好病

虫害。及时中耕除草，培土壅蔸，抗旱防渍；防治好地老虎、玉米螟、青枯病、纹枯病等病虫害。

适宜范围：适于湖北省低山、平原、丘陵地区作春玉米种植。

（九）华凯2号

品种来源：恩施土家族苗族自治州农业技术推广中心、四川华科种业有限责任公司用"HY-362"作母本，"24322"作父本配组育成的杂交玉米品种。2009年通过湖北省农作物品种审定委员会审定，品种审定编号为鄂审玉2009002。

品质产量：2007—2008年参加湖北省玉米低山平原组品种区域试验。品质经农业部谷物品质监督检验测试中心测定，容重753克/升，粗淀粉（干基）含量70.06%，粗蛋白（干基）含量11.25%，粗脂肪（干基）含量3.56%，赖氨酸（干基）含量0.30%。两年区域试验平均亩产606.62千克，比对照华玉4号增产10.88%。其中：2007年亩产585.69千克，比华玉4号增产12.72%；2008年亩产627.55千克，比华玉4号增产9.22%；两年均增产极显著。

特征特性：幼苗叶鞘紫色，成株叶片数20片左右。株型半紧凑，株高、穗位较高。茎秆下部节间较短，穗上部节间较长。雄穗分枝数5~11个（图3-24）。果穗筒型，穗轴白

图3-24 华凯2号植株性状

色，籽粒黄色，中间型。区域试验中株高295厘米，穗位高130厘米，穗长16.7厘米，穗粗4.9厘米，秃尖长1.1厘米，每穗15.7行，每行37.6粒，千粒重284.6克，干穗出籽率84.7%。生育期110.5天，比华玉4号迟1.6天。田间大斑病0.9级，小斑病2.0级，茎腐病病株率5.9%，锈病1.3级，穗粒腐病0.5级，纹枯病病指16.6。田间倒伏（折）率低于华玉4号。

栽培要点：①适时播种，合理密植。露地春播3月底至4月上旬播种，单作每亩3 500～4 000株。②配方施肥。底肥一般每亩施三元复合肥50～60千克、锌肥0.5～1千克；苗肥每亩追施尿素5～10千克；大喇叭口期每亩追施尿素15～20千克作穗肥；后期酌施粒肥。③加强田间管理。该品种植株偏高，苗期注意蹲苗；及时中耕除草，培土壅蔸，清沟排渍。④防治病虫害。注意防治茎腐病、纹枯病、穗粒腐病和地老虎、玉米螟等病虫害。

适宜范围：适于湖北省低山、平原、丘陵地区作春玉米种植。

（十）创玉38

品种来源：荆州市创想农作物研究所用"CL258"作母本，"CL802"作父本配组育成的杂交玉米品种。2009年通过湖北省农作物品种审定委员会审定，品种审定编号为鄂审玉2009003。

品质产量：2006—2007年参加湖北省玉米低山平原组品种区域试验，品质经农业部谷物品质监督检验测试中心测定，容重763克/升，粗淀粉（干基）含量68.96%，粗蛋白（干基）含量12.26%，粗脂肪（干基）含量3.64%，赖氨酸

（干基）含量0.33%。两年区域试验平均亩产601.46千克，比对照华玉4号增产8.46%。其中，2006年亩产616.22千克，比华玉4号增产5.97%；2007年亩产586.70千克，比华玉4号增产11.22%；两年均增产极显著。

特征特性：株型半紧凑，生长势较强。幼苗叶鞘紫色，植株较高，茎秆较粗壮，成株叶片数20片左右，后期持绿期较长。雄穗分枝数15～20个，花丝浅红色（图3-25）。果穗筒型，穗轴白色，苞叶覆盖较差，籽粒黄色，马齿型。区域试验中株高275厘米，穗位高117厘米，穗长17.5厘米，穗粗4.8厘米，秃尖1.5厘米，每穗16.8行，

图3-25　创玉38植株性状

每行34.2粒，千粒重300.4克，干穗出籽率85.6%。生育期108.5天，比华玉4号早1.0天。田间大斑病1.0级，小斑病1.1级，茎腐病病株率4.4%，锈病0.8级，穗粒腐病1.2级，纹枯病病指17.2。田间倒伏（折）率低于华玉4号。

栽培要点：①适时播种，合理密植。露地春播3月下旬至4月上旬播种，育苗移栽或地膜覆盖栽培可提早10～15天播种。单作每亩3 500～4 000株。②配方施肥。底肥一般每亩施三元复合肥50～60千克、锌肥0.5～1千克；4～5片叶时亩追施尿素5～6千克作苗肥；11～12片叶时亩追施尿素15千克左右作穗肥。③防治病虫害。加强田间管理。搞好"三

沟"配套，及时中耕除草，培土壅兜，抗旱排涝。④注意防治纹枯病、茎腐病、穗腐病和地老虎、玉米螟等病虫害。⑤适时收获。籽粒成熟后及时收获，防止烂尖。

适宜范围：适于湖北省丘陵、平原地区作春玉米种植。

（十一）联创9号

品种来源：北京联创种业有限公司用"CT1312"作母本，"CT289"作父本配组育成的杂交玉米品种。2010年通过湖北省农作物品种审定委员会审定，品种审定编号为鄂审玉2010001。

品质产量：2008—2009年参加湖北省玉米低山平原组品种区域试验，品质经农业部谷物品质监督检验测试中心测定，容重753克/升，粗淀粉（干基）含量72.33%，粗蛋白（干基）含量9.89%，粗脂肪（干基）含量3.59%，赖氨酸（干基）含量0.32%。两年区域试验平均亩产637.47千克，比对照华玉4号增产12.97%。其中，2008年亩产634.43千克，比华玉4号增产13.59%；2009年亩产640.50千克，比华玉4号增产12.38%；两年均增产极显著。

特征特性：株型半紧凑。成株叶片数19片左右，灌浆后期多数植株叶鞘渐变成紫红色，果穗苞叶显现紫色斑块。雄穗分枝数8个左右，花药紫色，颖壳紫色，花丝浅紫色。果穗筒型，穗轴红色，苞叶较短，部分果穗有小旗叶，籽粒黄色，马齿型。区域试验中株高275.6厘米，穗位高118.5厘米，空秆率1.04%，穗长17.7厘米，穗粗5.0厘米，秃尖长1.2厘米，穗行数17.1，行粒数36.0，千粒重275.3克，干穗出籽率84.4%。生育期109.0天，比华玉4号迟0.2天。田间大斑病0.8级，小斑病1.4级，茎腐病病株率0.4%，锈病1.2级，穗粒腐病1.3级，纹枯病病指15.6。田间倒伏（折）率低于华玉4号。

栽培要点：① 适时播种，合理密植。露地春播3月下旬至4月上旬播种，单作每亩3500株左右。② 配方施肥。施足底肥，适时追肥，不偏施氮肥。③ 加强田间管理。搞好"三沟"配套，抗旱排涝，及时中耕除草，培土壅蔸。④ 注意防治纹枯病、穗腐病、茎腐病和地老虎、玉米螟等病虫害。

适宜范围：适于湖北省低山、丘陵及平原地区作春玉米种植。

（十二）楚单139

品种来源：华中农业大学用"A1041"作母本，"NA6815"作父本配组育成的杂交玉米品种。2013年通过湖北省农作物品种审定委员会审定，品种审定编号为鄂审玉2013001。

品质产量：2009—2010年参加湖北省玉米低山平原组品种区域试验，品质经农业部谷物品质监督检验测试中心测定，容重772克/升，粗蛋白（干基）含量10.24%，粗脂肪（干基）含量4.27%，粗淀粉（干基）含量71.30%。两年区域试验平均亩产586.67千克，比对照宜单629增产4.75%。其中：2009年亩产649.43千克，比宜单629增产5.90%；2010年亩产523.91千克，比宜单629增产3.36%。

特征特性：株型半紧凑，植株偏高。幼苗叶鞘浅紫色，穗上部节间较长，穗上叶6片左右，雄穗分枝数9个左右，花药浅绿色，花丝绿色。果穗锥型，苞叶覆盖较完整，穗轴红色，籽粒黄色、半马齿型。区域试验中株高308厘米，穗位高125厘米，空秆率1.7%，穗长17.3厘米，穗粗5.0厘米，秃

尖长1.8厘米，穗行数17.8，行粒数33.7，千粒重293.4克，干穗出籽率84.9%，生育期114天。田间大斑病1级，小斑病3级，茎腐病病株率3.7%，穗腐病1级，纹枯病病指11.9、9级病株率0.5%。田间倒伏（折）率4.4%。

栽培要点：①适时播种，合理密植。3月下旬至4月初播种，单作每亩种植3 600株左右。②配方施肥。施足底肥，轻施苗肥，重施穗肥。③加强田间管理。苗期注意蹲苗，及时中耕除草，培土壅蔸，预防倒伏，抗旱排涝。④注意防治纹枯病、茎腐病、穗腐病、瘤黑粉病和地老虎、玉米螟等病虫害。

适宜范围：适于湖北省低山、丘陵和平原地区作春玉米种植。

（十三）福玉25

品种来源：武汉隆福康农业发展有限公司用"LB958"作母本，"LF127"作父本配组育成的杂交玉米品种。

品质产量：2013—2014年参加湖北省玉米丘陵平原组品种区域试验，品质经农业部谷物品质监督检测测试中心测定，容重786克/升，粗蛋白（干基）含量11.57%，粗脂肪（干基）含量3.98%，粗淀粉（干基）含量70.18%。两年区域试验平均亩产640.07千克，比对照宜单629增产4.02%。其中，2013年亩产621.70千克，比宜单629增产5.02%；2014年亩产658.43千克，比宜单629增产3.09%。

特征特性：株型半紧凑，植株较清秀，整齐度较好。幼苗叶鞘绿色，穗上叶6片左右，较窄，雄穗分枝数12～18个，花药浅绿色，颖壳绿色，花丝绿色。果穗筒型，苞叶覆盖较完整，穗轴白色，籽粒黄色、半马齿型。区域试验中株高

284厘米，穗位高111厘米，空杆率1.8%，穗长17.4厘米，穗粗4.9厘米，秃尖长1.1厘米，穗行数18.1，行粒数36.3，千粒重286.0克，干穗出籽率87.1%，生育期112天。田间小斑病3级，茎腐病病株率0.9%，纹枯病9级，病株率1.0%。田间倒伏（折）率3.7%，与宜单629相当。

栽培要点：①适时播种，合理密植。3月底至4月上旬播种，单作每亩种植3500株左右。②配方施肥。施足底肥，轻视苗肥，重施穗肥，忌偏施氮肥。③加强田间管理。注意蹲苗，适时中耕培土，抗旱排涝。④注意防治茎腐病、纹枯病、穗腐病和地老虎、玉米螟等病虫害。

适宜范围：适于湖北省平原、丘陵地区作春玉米种植。

二、夏播玉米品种

棉区与油菜、小麦、大麦、蚕豆、豌豆和马铃薯配套连作种植的夏播玉米，宜选择雄花和雌穗花丝耐高温性能比较强的玉米品种，适合湖北作夏播推广种植的玉米品种有郑单958、汉单777、浚单509等。

（一）郑单958

品种来源：河南省农业科学院粮食作物研究所用"郑58"作母本，"昌7-2"作父本配组育成的杂交玉米品种。2014年通过湖北省农作物品种审定委员会审定，品种审定编号为鄂审玉2014002。

品质产量：2011—2012年参加湖北省夏玉米品种区域试验，品质经农业部谷物品质监督检验测试中心测定，容重794克/升，粗蛋白（干基）含量9.26%，粗脂肪（干基）含量

4.50%，粗淀粉（干基）含量72.64%。两年区域试验平均亩产565.81千克，比对照蠡玉16增产12.46%。其中：2011年亩产577.51千克，比蠡玉16增产14.97%；2012年亩产554.10千克，比蠡玉16增产9.98%。

特征特性：株型紧凑。幼苗叶鞘紫色，成株叶片上冲，穗上叶5片左右，雄穗分枝数17个左右，分枝与主轴夹角小，花丝浅绿色（图3-26）。果穗筒型，苞叶覆盖较完整，穗轴白色，籽粒黄色、半硬粒型。区域试验中株高233厘米，穗位高98厘米，空秆率1.7%，穗长17.1厘米，穗粗4.8厘米，秃尖长0.7厘米，穗行数14.8，行粒

图3-26　郑单958植株性状

数35.1，千粒重298.8克，干穗出籽率87.9%，生育期98天。田间小斑病3级，茎腐病病株率0.5%，锈病5级，穗腐病3级，纹枯病9级病株率0.6%。田间倒伏（折）率1.6%，轻于蠡玉16。

栽培要点：①适时播种，合理密植。5月底至6月上中旬播种，单作每亩种植5 000株左右。②配方施肥。施足底肥，注意种肥隔离，看苗追施平衡肥。③加强田间管理。及时中耕培土，预防倒伏；遇高温干旱天气及时浇灌。④注意防治锈病、茎腐病、穗腐病、黑粉病和地老虎、玉米螟等病虫害。

适宜范围：适于湖北省平原、丘陵地区作夏玉米种植。

（二）汉单777

品种来源：湖北省种子集团有限公司用"H70202"作母本，"H70492"作父本配组育成的杂交玉米品种。2013年通过湖北省农作物品种审定委员会作春玉米审定，品种审定编号为鄂审玉2013002；已通过湖北省夏播玉米品种两年区域试验，2015年报审中。

品质产量：2013—2014年参加湖北省夏玉米品种区域试验，春播品质经农业部谷物品质监督检验测试中心测定，容重770克/升，粗蛋白（干基）含量9.68%，粗脂肪（干基）含量4.04%，粗淀粉（干基）含量72.08%。两年区域试验平均亩产576.66千克，比对照郑单958增产10.08%。其中：2013年亩产526.82千克，比照郑单958增产8.30%；2014年亩产626.5千克，比照郑单958增产11.85%。

特征特性：株型半紧凑。幼苗叶鞘紫色，穗上叶6片左右，雄穗分枝数7～10个，花药、花丝浅紫色（图3-27）。果穗锥型，苞叶覆盖较完整，穗轴红色，籽粒黄色、中间型。区域试验中株高262.3厘米，穗位高103.2厘米，空秆率2.85%，穗长17.8厘米，穗粗4.9厘米，秃尖长0.5厘米，穗行数19.01，行粒数35.2，千粒重270.8克，干穗出籽率

图3-27　汉单777植株性状

87.0%，生育期100天。田间大斑病3级，小斑病3级，茎腐病病株率0.5%，穗腐病3级，纹枯病9级病株率0.1%。田间倒伏（折）率1.8%。该品种株高较高，穗位适中；果穗匀称，结实性好，有秃尖，果穗粗、匀称，穗行数多，籽粒小、千粒重较低；综合抗性较好，丰产性好，生育期较长。

栽培要点：①适时播种，合理密植。5月下旬至6月上旬播种，单作每亩种植4 000株左右。②配方施肥。施足底肥，看苗追施平衡肥，重施穗肥，忌偏施氮肥。③加强田间管理。苗期注意蹲苗，及时中耕除草，培土壅蔸，预防倒伏，抗旱排涝。④注意防治纹枯病、茎腐病、穗腐病和玉米螟等病虫害。

适宜范围：适于湖北省丘陵、平原地区作夏玉米种植。

（三）浚单509

品种来源：鹤壁市农业科学院用"浚50X"作母本，"浚M9"作父本配组育成的杂交玉米品种。

品质产量：2011—2012年参加湖北省夏玉米品种区域试验，品质经农业部谷物品质监督检验测试中心测定，容重800克/升，粗蛋白（干基）含量10.26%，粗脂肪（干基）含量4.83%，粗淀粉（干基）含量72.82%。两年区域试验平均亩产594.85千克，比对照蠡玉16增产18.25%。其中，2011年平均亩产598.79千克，比蠡玉16增产19.22%；2012年平均亩产590.90千克，比蠡玉16增产17.29%。

特征特性：株型半紧凑，植株较清秀、整齐度较好。幼苗叶鞘紫色，成株叶片数20片左右，穗上叶6片左右，雄穗分枝数8个左右，花药紫色，花丝绿色（图3-28）。果穗筒型，苞叶覆盖较完整，穗轴红色，籽粒黄色、马齿型。区域试验中株高267厘米，穗位高97厘米，空秆率2.2%，穗长17.9厘米，穗粗4.8厘米，秃尖长1.4厘米，穗行数15.3，行粒数34.6，千粒重318.9克，干穗出籽率87.7%，生育期99天。

图3-28 浚单509植株性状

田间小斑病5级，锈病3级，穗腐病3级，纹枯病9级病株率0.4%。田间倒伏（折）率1.3%，轻于蠡玉16相当。

栽培要点：① 适时播种，合理密植。6月上中旬播种，单作每亩种植4 000株左右。② 配方施肥。施足底肥，注意种肥隔离，看苗追施平衡肥，忌偏施氮肥。③ 加强田间管理。注意蹲苗，适时中耕培土、抗旱排渍。④ 注意防治锈病、纹枯病、茎腐病、黑粉病和地老虎、玉米螟等病虫害。

适宜范围：适于湖北省北部岗地、平原、丘陵地区作夏玉米种植。

三、鲜食玉米品种

适宜棉区推广种植的鲜食玉米品种有甜玉米金中玉、彩甜糯6号、福甜玉98、蜜脆68、鄂甜玉4号、京科甜183、福甜玉18、鄂甜玉3号、鄂甜玉5号、西星甜玉2号、鄂甜玉6号等，糯玉米品种有华甜玉3号、京科糯2 000、禾盛糯玉1号、农科糯1号、渝糯3 000等。

（一）金中玉

品种来源：王玉宝（身份证号420102600209281）用"YT0213"作母本，"YT0235"作父本配组育成的杂交甜玉米品种。2008年通过湖北省农作物品种审定委员会审（认）定，品种审定编号为鄂审玉2008009。

品质产量：2006—2007年参加湖北省甜玉米品种比较试验，品质经农业部食品质量监督检验测试中心对送样测定，可溶性糖含量11.5%，还原糖含量2.02%，蔗糖含量9.01%。两年试验商品穗平均亩产602.7千克，比鄂甜玉3号增产7.72%。外观及蒸煮品质较优。

特征特性：株型略紧凑。茎基部叶鞘绿色。雄穗绿色，花药黄色，花丝白色。果穗筒型，苞叶覆盖适中，旗叶较短，穗轴白色，籽粒黄色、较大。区域试验中株高250.3厘米，穗位高105.5厘米，穗长19.2厘米，穗粗4.4厘米，秃尖长2.1厘米，每穗12.7行，每行38.7粒，百粒重32.9克（图3-29）。生育期偏长，从播种到吐丝73.2天，比

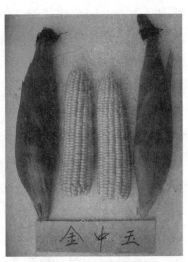

图3-29　金中玉果穗性状

对照鄂甜玉3号迟4.6天。田间大斑病1.7级，小斑病1.0级，茎腐病病株率1.0%，穗腐病1.0级，纹枯病病指12.0，抗倒性与鄂甜玉3号相当。

栽培要点：①隔离种植。选择土质肥沃、排灌方便的田

块连片种植，与其他异型玉米品种相隔300米以上，或抽雄吐丝期间隔20天以上。② 适时播种。双膜覆盖栽培2月份播种，地膜覆盖栽培3月中下旬播种，露地直播4月初播种。每亩种植3 000～3 400株。③ 提高播种质量。注意抢墒播种，宜比普通玉米浅播，播种后用疏松细土盖种。④ 配方施肥。底肥一般每亩施复合肥60千克；11～12片叶时追穗肥，每亩施尿素20千克。⑤ 加强田间管理。注意中耕除草，培土壅蔸，抗旱排涝；综合防治纹枯病和地老虎、玉米螟等病虫害。⑥ 适时采收。一般在授粉后23～25天采收。

适宜范围：适于湖北省平原、丘陵及低山地区种植。

（二）彩甜糯6号

品种来源：湖北省荆州市恒丰种业发展中心用"T37"作母本，"818"作父本配组育成的杂交糯玉米品种。2011年通过湖北省农作物品种审定委员会审定，品种审定编号为鄂审玉2011012。

品质产量：2009—2010年参加湖北省鲜食糯玉米品种区域试验，品质经农业部食品质量监督检验测试中心（武汉）测定，支链淀粉占总淀粉含量的97.8%。两年区域试验商品穗平均亩产770.93千克，比对照渝糯7号增产0.17%。其中，2009年商品穗亩产791.79千克，比对照减产0.16%；2010年商品穗亩产750.06千克，比对照增产0.51%。鲜果穗外观品质和蒸煮品质优。

特征特性：株型半紧凑。幼苗叶缘绿色，叶尖紫色，成株叶片数19片左右。雄穗分枝数13个左右。苞叶适中，秃尖略长，果穗锥型，穗轴白色，籽粒紫白相间。区域试验平均株高221厘米，穗位高95厘米，空秆率1.5%，穗长19.9厘米，

穗粗4.9厘米，秃尖长2.2厘米，穗行数13.6，行粒数34.4，百粒重37.6克，生育期94天。田间大斑病2.4级，小斑病1.3级，纹枯病病指15.8，茎腐病病株率0.4%，穗腐病1.6级，玉米螟2.4级。田间倒伏（折）率1.54%。

栽培要点：①隔离种植。选择土质肥沃、排灌方便的田块连片种植，与其他异型玉米品种空间相隔300米以上，或抽雄吐丝期间隔20天以上。②适时播种。育苗移栽或地膜覆盖栽培3月上中旬播种，露地直播4月初播种。每亩种植3 300株左右。③配方施肥。施足底肥，轻施苗肥，重施穗肥。④加强田间管理。注意蹲苗，拔节期及时除分蘖、中耕除草、培土壅蔸、抗旱排涝；综合防治纹枯病和地老虎、玉米螟等病虫害。⑤适时采收。一般授粉后第23～26天采收。

适宜范围：适于湖北省平原、丘陵及低山地区种植。

（三）福甜玉98

品种来源：武汉隆福康农业发展有限公司用"K533"作母本，"F020"作父本配组育成的杂交甜玉米品种。2013年通过湖北省农作物品种审定委员会审定，品种审定编号为鄂审玉2013007。

品质产量：2010—2011年参加湖北省鲜食甜玉米品种区域试验，品质经农业部食品质量监督检验测试中心（武汉）测定，总糖含量9.30%。两年区域试验商品穗平均亩产684.24千克，比对照鄂甜玉4号增产5.89%。其中，2010年商品穗亩产713.14千克，比鄂甜玉4号增产5.63%；2011年商品穗亩产675.34千克，比鄂甜玉4号增产6.16%。鲜果穗外观品质和蒸煮品质较优。

特征特性：株型平展。幼苗叶鞘绿色，穗上叶5片左右，旗叶中等大小，雄穗分枝数11个左右，颖壳绿色，花药、花丝浅绿色。果穗锥型，苞叶覆盖较完整，穗轴白色，籽粒黄白相间。区域试验中株高207厘米，穗位高68厘米，空秆率0.4%，穗长18.9厘米，穗粗4.8厘米，秃尖长1.2厘米，穗行数13.3，行粒数35.0，百粒重38.5克（图3-30），生育期87天。田间大斑病3级，小斑病3级，茎腐病病株率0.4%，穗腐病1级，纹枯病病指16.6。田间倒伏（折）率4.6%。

图3-30　福甜玉98果穗性状

栽培要点：① 隔离种植。选择土质肥沃、排灌方便的田块连片种植，与其他异型玉米品种空间隔离300米以上，或抽雄吐丝期间隔20天以上。② 适时播种。育苗移栽或地膜覆盖栽培3月中旬播种，露地直播3月底至4月初播种。每亩种植3 000～3 300株。③ 提高播种质量。甜玉米种子干瘪，注意精细整地，浅播细土盖种，有条件的采取育苗移栽。④ 配方施肥。施足底肥，增施钾肥，轻施苗肥，重施穗肥。⑤ 加强田间管理。注意蹲苗，及时除掉分蘖，中耕除草，培土壅蔸，抗旱排涝；综合防治纹枯病和地老虎、玉米螟等病虫害。⑥ 适时采收。一般受粉后21天左右采收。

适宜范围：适于湖北省平原、丘陵地区种植。

（四）蜜脆68

品种来源：湖北省农业科学院粮食作物研究所用"ESL1"作母本，"S499"作父本配组育成的杂交甜玉米品种。2014年通过湖北省农作物品种审定委员会审定，品种审定编号为鄂审玉2014003。

品质产量：2011—2012年参加湖北省鲜食玉米品种区域试验，品质经农业部食品质量监督检验测试中心（武汉）测定，可溶性总糖含量9.12%。两年区域试验商品穗平均亩产794.48千克，比对照鄂甜玉4号增产18.56%。其中：2011年亩产750.81千克，比鄂甜玉4号增产18.03%；2012年亩产838.14千克，比鄂甜玉4号增产19.03%。鲜果穗外观品质和蒸煮品质较优。

特征特性：株型半紧凑。幼苗叶鞘紫色，穗上叶5～6片，雄穗分枝数18～22个，花丝绿色，花药浅绿色。果穗筒型，苞叶覆盖较完整，穗轴白色，籽粒黄白相间。区域试验中株高251厘米，穗位高109厘米，空秆率0.3%，穗长19.4厘米，穗粗4.6厘米，秃尖长1.1厘米，穗行数14.3，行粒数39.7，百粒重32.9克（图3-31），生育期87天。田间小斑病3级，大斑病3级，褐斑病3级。田间倒伏（折）率0.4%，轻于鄂甜玉4号。

图3-31　蜜脆68果穗性状

栽培要点：① 隔离种植。选择土质肥沃、排灌方便的田块连片种植，与其他异型玉米品种空间隔离300米以上，或抽雄吐丝期间隔20天以上。② 适时播种。育苗移栽或地膜覆盖栽培3月上中旬播种，露地直播4月上旬播种。每亩种植3 000～3 300株。③ 提高播种质量。甜玉米种子干瘪，注意精细整地，浅播细土盖种，有条件的采取育苗移栽。④ 配方施肥。施足底肥，增施钾肥，轻施苗肥，重施穗肥。⑤ 加强田间管理。苗期注意蹲苗，及时除掉分蘖，中耕除草，培土壅兜，抗旱排涝；综合防治纹枯病和地老虎、玉米螟等病虫害。⑥ 适时采收。一般授粉后20～22天采收。

适宜范围：适于湖北省平原、丘陵地区种植。

（五）鄂甜玉4号

品种来源：武汉信风作物科学有限公司用"sh13"作母本，"sh34"作父本配组育成的杂交甜玉米品种。2007年通过湖北省农作物品种审定委员会审（认）定，品种审定编号为鄂审玉2007001。

品质产量：2005—2006年在武汉、宜昌、十堰等地进行品种比较试验，品质经农业部食品质量监督检验测试中心测定，鲜穗籽粒总糖含量9.86%，蔗糖含量7.90%，还原糖含量1.54%。两年试验鲜穗平均亩产742.5千克，比对照华甜玉1号显著增产。外观及蒸煮品质较华甜玉1号略差。

特征特性：株型半紧凑。植株生长势较强，茎秆粗壮，抗倒性较强。叶片数18～20片，叶色绿。雄穗分枝数较多，花粉量充足。果穗长锥型，苞叶覆盖适中，无旗叶，籽粒黄色。区域试验中株高234.5厘米，穗位高102.4厘米，穗长20.4

厘米，穗粗4.5厘米，穗行13.0行，每行40.5粒；播种至适宜采收期春播为96天，生育期偏长。田间褐斑病1~2级，纹枯病1级，其他病害发病轻。

栽培要点：①选择土质肥沃、排灌方便的田块连片种植，且与其他异型玉米品种相隔300米以上或采用时间隔离。②适时播种。春播双膜覆盖、两段栽培可在2月下旬播种，地膜覆盖直播在3月中旬播种。每亩种植密度3 300株左右。③提高播种质量。甜玉米种子干瘪，要特别注意播种质量，宜比普通玉米浅播，播种后用疏松细土盖种。④科学施肥。底肥每亩施腐熟的农家肥1 000~2 000千克和复合肥40千克；三叶期追苗肥，每亩施尿素10千克；大喇叭口期重施穗肥，每亩施尿素15千克，硫酸钾10~15千克。⑤加强田间管理。拔节期及时除分蘖，注意中耕除草，培土壅蔸，抗旱防渍，综合防治地老虎、玉米螟和褐斑病、纹枯病等病虫害。⑥适时采收。一般在授粉后25天左右采收。

适宜范围：适于湖北省平原、丘陵及低山地区种植。

（六）鄂甜玉5号

品种来源：武汉信风作物科学有限公司用"sh17"作母本，"sh34"作父本配组育成的杂交甜玉米品种。2011年通过湖北省农作物品种审定委员会审定，品种审定编号为鄂审玉2011010。

品质产量：2009—2010年参加湖北省鲜食甜玉米品种区域试验，品质经农业部食品质量监督检验测试中心（武汉）测定，总糖含量9.92%。两年区域试验商品穗平均亩产752.54千克，比对照鄂甜玉4号增产6.63%。其中，2009年商品穗每亩产

778.09千克，比对照增产5.67%；2010年商品穗每亩产726.98千克，比对照增产7.68%。鲜果穗外观品质和蒸煮品质较优。

特征特性：株型半紧凑。成株叶片数19片左右。雄穗分枝较多，28个左右。苞叶覆盖基本完整，旗叶较少，秃尖略长，果穗锥型，穗轴白色，籽粒黄白色。区域试验平均株高220厘米，穗位高93厘米，空秆率1.2%，穗长19.8厘米，穗粗4.8厘米，秃尖长2.3厘米，穗行数12.7，行粒数39.2，百粒重38.2克（图3-32），生育期94天。田间大斑病1.7级，小斑病1.7级，纹枯病病指13.0，茎腐病病株率0.4%，穗腐病1.0级，玉米螟1.2级。田间倒伏（折）率2.14%。

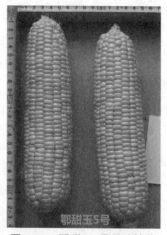

图3-32 鄂甜玉5号果穗性状

栽培要点：①隔离种植。选择土质肥沃、排灌方便的田块连片种植，与其他异型玉米品种空间相隔300米以上，或抽雄吐丝期间隔20天以上。②适时播种。育苗移栽或地膜覆盖栽培3月中下旬播种，露地直播4月初播种。每亩种植3 000～3 300株。③提高播种质量。甜玉米种子干瘪，要特别注意播种质量，注意播种深度，播种后用疏松细土盖种。④配方施肥。施足底肥，轻施苗肥，重施穗肥。⑤加强田间管理。注意蹲苗，拔节期及时除分蘖、中耕除草、培土壅蔸、抗旱排涝；综合防治纹枯病和地老虎、玉米螟等病虫害。⑥适时采收。一般授粉后第21～24天采收。

适宜范围：适于湖北省平原、丘陵及低山地区种植。

（七）粤甜16号

品种来源：广东省农业科学院作物研究所选育，华珍-3×C5；2008年广东省农作物品种审定委员会审定；2010年国家审定，审定编号：国审玉2010022。

特征特性：在西南地区出苗至采收期91天，比绿色超人早熟2天；在东南地区出苗至采收期84天，与粤甜3号相当。幼苗叶鞘绿色，叶片绿色，叶缘绿色，花药黄绿色，颖壳绿色。株型半紧凑，株高220厘米，穗位高95厘米，成株叶片数18～20片。花丝浅绿色，果穗筒型，穗长18厘米，穗轴白色，籽粒黄色、甜质，百粒重（鲜籽粒）34.8克（图3-33）。经四川省农

图3-33　粤甜16果穗性状

业科学院植物保护研究所两年接种鉴定，中抗茎腐病，感大斑病、小斑病、纹枯病和玉米螟，高感丝黑穗病。经中国农业科学院作物科学研究所两年接种鉴定，高抗茎腐病，感大斑病、小斑病和纹枯病，高感矮花叶病和玉米螟。经西南和东南鲜食甜玉米品种区域试验组织的专家品尝鉴定，达到部颁甜玉米二级标准。经四川省绵阳市农业科学研究所测定，皮渣率11.82%，水溶性糖含量15.60%，还原糖含量6.34%;经扬州大学农学院测定，皮渣率12.73%，水溶性糖含量18.49%，还原糖含量6.07%。均达到部颁甜玉米标准（NY/T523-2002）。

产量表现：2008—2009年参加鲜食甜玉米品种区域试验，西南区两年平均亩产（鲜穗）932千克，比对照绿色超人增产7.3%；东南区两年平均亩产（鲜穗）912.6千克，比对照粤甜3号增产6.6%。

栽培要点：在中等肥力以上地块栽培，每亩适宜密度3 200～3 600株，注意防治丝黑穗病和玉米螟，矮花叶病重发区慎用。采用隔离种植、适时采收。

审定意见：该品种符合国家玉米品种审定标准，通过审定。适宜在湖北、四川、重庆、贵州遵义、广西、广东、安徽南部、浙江、江苏中南部、上海、福建作鲜食甜玉米春播种植，注意防治丝黑穗病和玉米螟，矮花叶病重发区慎用。

（八）粤甜13号

品种来源：广东省农业科学院作物研究所选育，日超-1×C5；2006年广东省农作物品种审定委员会审定；2010年国家审定，审定编号：国审玉2010021。

特征特性：在西南地区出苗至采收期88天，比绿色超人早5天。幼苗叶鞘绿色，叶片绿色，叶缘绿色，花药黄绿色，颖壳绿色。株型半紧凑，株高184厘米，穗位高60厘米，成株叶片数16～18片。花丝浅绿色，果穗筒型，穗长20厘米，穗行数14～16行，穗轴白色，籽粒黄白色、甜质，百粒重（鲜籽粒）36.3克。经四川省农业科学院植物保护研究所两年接种鉴定，感大斑病、小斑病、纹枯病和玉米螟，高感丝黑穗病和茎腐病。经西南鲜食甜玉米品种区域试验组织的专家品尝鉴定，达到部颁甜玉米二级标准。经四川省绵阳市农业科学研究所测定，还原糖含量5.64%，水溶性糖含量18.60%，

达到部颁甜玉米标准（NY/T523-2002）。

产量表现：2008—2009年参加西南鲜食甜玉米品种区域试验，两年平均亩产（鲜穗）901.2千克，比对照绿色超人增产3.7%。

栽培要点：在中等肥力以上地块栽培，每亩适宜种植4 000～4 500株。注意防治丝黑穗病，茎腐病重发区慎用。采用隔离种植、适时采收。

审定意见：该品种符合国家玉米品种审定标准，通过审定。适宜在湖北、湖南、四川绵阳、重庆、云南、贵州贵阳作鲜食甜玉米春播种植，注意防治丝黑穗病，茎腐病重发区慎用。

（九）浙甜2088

品种来源：浙江勿忘农种业股份有限公司选育，P杂选311×大28-2，2010年浙江省农作物品种审定委员会审定；2010年国家审定，审定编号：国审玉2010024。

特征特性：在西南地区出苗至采收期89天，比绿色超人早4天。幼苗叶鞘浅紫红色，叶片绿色，叶缘绿色，花药黄色，颖壳绿色。株型紧凑，株高207厘米，穗位高71厘米，成株叶片数17片。花丝淡绿色，果穗筒型，穗长19厘米，穗行数14～16行，穗轴白色，籽粒黄色、甜质，百粒重（鲜籽粒）38.7克。经四川省农业科学院植物保护研究所两年接种鉴定，中抗玉米螟，感大斑病和纹枯病，高感小斑病、丝黑穗病和茎腐病。经西南鲜食甜玉米品种区域试验组织的专家品尝鉴定，达到部颁甜玉米二级标准。经四川省绵阳市农业科学研究所测定，还原糖含量5.34%，水溶性糖含量19.75%，皮渣率11.77%，达到部颁甜玉米标准（NY/T523-2002）。

产量表现：2008—2009年参加西南鲜食甜玉米品种区域试验，两年平均亩产（鲜穗）846.1千克，比对照绿色超人减产2.7%。

栽培要点：在中等肥力以上地块栽培，每亩适宜密度3 300株，在肥力较高的情况下应及时去除分蘖。注意防治丝黑穗病，小斑病、茎腐病重发区慎用。采用隔离种植、适时采收。

审定意见：该品种符合国家玉米品种审定标准，通过审定。适宜在湖北、四川、重庆、贵州作鲜食甜玉米春播种植，注意防治丝黑穗病，小斑病、茎腐病重发区慎用。

（十）福甜玉18

品种来源：武汉隆福康农业发展有限公司用"NSL03"作母本，"NSL02"作父本配组育成的杂交甜玉米品种。2009年通过湖北省农作物品种审定委员会审定，品种审定编号为鄂审玉2009006。

品质产量：2007—2008年参加湖北省鲜食甜玉米品种区域试验，品质经湖北省农科院农业测试中心对送样测定，可溶性糖含量10.0%。两年区域试验商品穗平均亩产639.21千克，比对照鄂甜玉3号增产10.65%。其中，2007年亩产628.07千克，比鄂甜玉3号增产11.99%；2008年亩产650.35千克，比鄂甜玉3号增产9.37%。果穗蒸煮品质较优。

特征特性：株型平展。幼苗叶鞘、叶缘绿色，成株叶片数18片左右。雄穗分枝数12个左右，颖壳、花丝绿色，花药黄色。果穗锥型，穗轴白色，苞叶适中，旗叶中等，秃尖较

长，籽粒黄色。区域试验中株高201厘米，穗位高63厘米，穗长19.0厘米，秃尖长1.8厘米，穗粗4.9厘米，每穗14.4行，每行34.8粒，百粒重38.1克。播种至吐丝65.9天，比鄂甜玉3号早3.5天。田间大斑病1.8级，小斑病3级，纹枯病病指17.3，茎腐病病株率2.0%，穗腐病1.0级，玉米螟2.2级。田间倒伏（折）率与鄂甜玉3号相当。

栽培要点：① 隔离种植。选择土质肥沃、排灌方便的田块连片种植，与其他异型玉米品种空间相隔300米以上，或抽雄吐丝期间隔20天以上。② 适时播种。育苗移栽或地膜覆盖栽培3月上中旬播种，露地直播4月初播种。每亩种植3 000~3 500株。③ 提高播种质量。甜玉米种子干瘪，要特别注意播种质量，播种深度2厘米左右，播种后用疏松细土盖种。④ 配方施肥。底肥一般每亩施三元复合肥50千克；4~5片叶时每亩追施尿素10千克作苗肥；10~11片叶时每亩追施尿素10千克、氯化钾10千克作穗肥。⑤ 加强田间管理。注意蹲苗，拔节期及时除分蘖，及时中耕除草，培土壅蔸，抗旱排涝；综合防治纹枯病和地老虎、玉米螟等病虫害。⑥ 适时采收。一般在授粉后22~24天采收。

适宜范围：适于湖北省平原、丘陵及低山地区种植。

（十一）京科甜183

品种来源：北京市农林科学院玉米研究中心用"双金11"作母本，"SH-251"作父本配组育成的杂交甜玉米品种。2010年通过湖北省农作物品种审定委员会审定，品种审定编号为鄂审玉2010003。

品质产量：2007—2008年参加湖北省鲜食甜玉米品种区

域试验，品质经湖北省农科院农业测试中心对送样测定，总糖含量10.6%。两年区域试验商品穗平均亩产590.09千克，比对照鄂甜玉3号增产2.14%。其中，2007年商品穗亩产581.50千克，比对照增产3.69%；2008年商品穗亩产598.68千克，比对照增产0.68%。鲜果穗外观品质和蒸煮品质较优。

特征特性：株型平展。幼苗叶鞘绿色，成株叶片数17片左右。雄穗分枝数十个左右，花药、颖壳和花丝均为绿色。果穗锥型，穗轴白色，苞叶适中，旗叶较短，秃尖略长，籽粒黄白色。区域试验中株高174.6厘米，穗位高57.7厘米，空秆率1.1%，穗长18.4厘米，秃尖长1.6厘米，穗粗4.6厘米，穗行数14.3，行粒数34.7，百粒重32.9克，播种至吐丝65.9天，比鄂甜玉3号早3.5天。田间大斑病1.1级，小斑病1.8级，纹枯病病指13.1，茎腐病病株率3.0%，穗腐病1.0级，玉米螟1.8级。田间倒伏（折）率低于鄂甜玉3号。耐高温和耐高湿性差。

栽培要点：①隔离种植。选择土质肥沃、排灌方便的田块连片种植，与其他异型玉米品种空间距离相隔300米以上，或抽雄吐丝期间隔20天以上。②适时播种。地膜覆盖栽培或育苗移栽于3月上中旬播种，露地直播于3月底至4月初播种。每亩种植3 000～3 500株。③提高播种质量。甜玉米种子干瘪，顶土力弱，注意适当浅播，播种后用疏松细土盖种。④配方施肥。施足底肥，多施钾肥，重施穗肥，酌施粒肥。⑤加强田间管理。注意蹲苗，拔节期及时除分蘖，及时中耕除草，培土壅蔸，抗旱排涝；综合防治纹枯病和地老虎、玉米螟等病虫害。⑥适时采收。一般授粉后第21～24天采收。

适宜范围：适于湖北省平原、丘陵及低山地区种植。

（十二）西星甜玉2号

山东登海种业股份有限公司西由种子分公司用"华甜3189-222"作母本，"广甜2白-1"作父本配组育成的杂交甜玉米品种。2011年通过湖北省农作物品种审定委员会审定，品种审定编号为鄂审玉2011011。

品质产量：2009—2010年参加湖北省鲜食甜玉米品种区域试验，品质经农业部食品质量监督检验测试中心（武汉）测定，总糖含量11.0%。两年区域试验商品穗平均亩产758.72千克，比对照鄂甜玉4号增产7.51%。其中，2009年商品穗亩产761.64千克，比对照增产3.43%；2010年商品穗亩产755.79千克，比对照增产11.95%。鲜果穗外观品质和蒸煮品质较优。

特征特性：株型半紧凑。幼苗叶鞘绿色，成株叶片数19片左右。雄穗分枝数8个左右，颖壳、花药、花丝均为绿色。苞叶覆盖较完整，旗叶短、宽，果穗锥型，穗轴白色，籽粒黄白色，秃尖略长。区域试验平均株高217厘米，穗位高73厘米，空秆率0.4%，穗长19.6厘米，秃尖长2.5厘米，穗粗4.9厘米，穗行数13.9，行粒数36.2，百粒重36.5克，生育期86天。田间大斑病2.0级，小斑病1.7级，纹枯病病指19.0，茎腐病病株率0.8%，穗腐病1.0级，玉米螟1.8级。田间倒伏（折）率2.01%。

栽培要点：①隔离种植。选择土质肥沃、排灌方便的田块连片种植，与其他异型玉米品种空间相隔300米以上，或抽雄吐丝期间隔20天以上。②适时播种。育苗移栽或地膜覆盖栽培3月上中旬播种，露地直播4月初播种。每亩种植密度3 300株左右。③提高播种质量。甜玉米种子干瘪，要特别注意播种质量，注意播种深度，播种后用疏松细土盖种。④配方施肥。施足底肥，轻施苗肥，重施穗肥。⑤加强田间管理。注意蹲苗，拔节期及时除分蘖、中耕除草、培土壅蔸、抗旱排涝；综合防治纹枯病和地老虎、玉米螟、蚜虫等病虫害。⑥适时采收。一般授粉后第20～24天采收。

适宜范围：适于湖北省平原、丘陵及低山地区种植。

（十三）华甜玉3号

品种来源：华中农业大学用"S167"作母本，"Z85"作父本配组育成的杂交甜玉米品种。原代号：S167×Z85。商品名：金银100。2006年通过湖北省农作物品种审定委员会审（认）定，品种审定编号为鄂审玉2006004。

品质产量：品质经农业部食品质量监督检验测试中心测定（抽样），鲜穗籽粒总糖含量9.12%，蔗糖含量7.33%，还原糖含量1.4%。籽粒黄白相间，皮薄渣少，口感好。2004～2005年在武汉市试验、试种，一般亩产鲜穗550～900千克，比对照华甜玉1号增产。

特征特性：株型半紧凑。根系发达，茎秆粗壮，节间较短，抗倒性较强。区域试验中株高200厘米，穗位高75厘米。雄花分枝16～19个，颖壳、花药浅黄色，花丝绿色。果穗筒型，穗轴白色，籽粒黄白色，穗粗5.0厘米，穗长18厘米，秃尖较长，每穗16～18行，每行34粒左右（图3-34）。播种至适宜采

图3-34 华甜玉3号果穗性状

收期在武汉地区春播一般为92天，秋播为79天。田间病毒病发株率1.1%，轻感灰斑病，其他病害发病轻。

栽培要点：① 选择土质肥沃、排灌方便的田块连片种植，且与其他异型玉米品种相隔300米以上，或采用时间隔离。② 适时播种。春播双膜覆盖，两段栽培可在2月下旬播种，地膜覆盖直播在3月中旬播种；露地种植在4月初播种；秋播在7月中旬至8月5日。每亩种植密度3 200株。③ 提高播种质量。甜玉米种子干瘪，要特别注意播种质量，播种后用疏松细土盖种。④ 科学施肥。底肥每亩施饼肥50千克、磷肥50千克、钾肥15千克，或氮磷钾复合肥50～60千克；四叶一心期追苗肥，每亩施5～10千克尿素；拔节期追平衡肥，每亩施尿素5～7千克；大喇叭口期重施穗肥，每亩施尿素10～15千克。⑤ 加强田间管理。拔节期及时除分蘖，注意中耕除草，培土壅蔸，抗旱防渍，综合防治地老虎、玉米螟、蚜虫和纹枯病等病虫害，收获前20天禁止使用农药。⑥ 适时采收。一般在授粉后20～25天采收。

适宜范围：适于湖北省平原、丘陵及低山地区种植。

（十四）京科糯2000

品种来源：北京市农林科学院玉米研究中心选育，母本京糯6，来源于中糯1号；父本BN2，来源于紫糯3号。2006年国家农作物品种审定委员会审定，审定编号：国审玉2006063。

特征特性：在西南地区出苗至采收期85天左右，与对照渝糯7号相当。幼苗叶鞘紫色，叶片深绿色，叶缘绿色，花药绿色，颖壳粉红色。株型半紧凑，株高250厘米，穗位高115厘米，成株叶片数19片。花丝粉红色，果穗长锥型，穗长19厘米，穗行数14行，百粒重（鲜籽粒）36.1克，籽粒白色，穗轴白色。在西南区域试验中平均倒伏（折）率6.9%。

经四川省农业科学院植物保护研究所两年接种鉴定，中抗大斑病和纹枯病，感小斑病、丝黑穗病和玉米螟，高感茎腐病。经西南鲜食糯玉米区域试验组织专家品尝鉴定，达到部颁鲜食糯玉米二级标准。经四川省绵阳市农业科学研究所两年测定，支链淀粉占总淀粉含量的100%，达到部颁糯玉米标准（NY/T524–2002）。

产量表现：2004—2005年参加西南鲜食糯玉米品种区域试验，15点次增产，7点次减产，两年区域试验平均亩产（鲜穗）880.4千克，比对照渝糯7号增产9.6%。

栽培要点：每亩适宜种植3 500株左右，应隔离种植和适期早播，注意防止倒伏和防治茎腐病、玉米螟。

审定意见：该品种符合国家玉米品种审定标准，通过审定。适宜在四川、重庆、湖南、湖北、云南、贵州作鲜食糯玉米品种种植。茎腐病重发区慎用，注意适期早播和防止倒伏。

（十五）禾盛糯玉1号

品种来源：湖北省种子集团有限公司用"EN6535"作母本，"EN6587"作父本配组育成的杂交糯玉米品种。2009年通过湖北省农作物品种审定委员会审定，品种审定编号为鄂审玉2009007。

品质产量：2007—2008年参加湖北省鲜食糯玉米品种区域试验，品质经农业部食品质量监督检验测试中心对送样测定，总淀粉（干基）含量66.5%，支链淀粉占总淀粉含量的98.1%。两年区域试验商品穗平均亩产795.7千克，比对照中

糯1号增产36.50%。其中：2007年亩产767.5千克，比中糯1号增产36.3%。2008年亩产823.9千克，比中糯1号增产36.68%。果穗蒸煮品质较优。

特征特性：株型半紧凑。幼苗叶鞘紫红色，成株叶片数20片左右。雄穗分枝数14个左右，护颖淡红色，花药黄色，花丝浅紫色。果穗锥型，穗轴白色。苞叶适中，旗叶少、短，籽粒白色，区域试验中株高260厘米，穗位高107厘米，穗长19.9厘米，秃尖长1.4厘米，穗粗5.0厘米，穗行数15.1行，行粒数37.5粒，百粒重32.3克，播种至吐丝71.5天，比中糯1号迟1.5天。田间大斑病1.4级，小斑病1.4级，纹枯病病指7.3，茎腐病病株率0.3%，穗腐病1.0级，玉米螟1.4级。田间倒伏（折）率低于中糯1号。

栽培要点：①隔离种植。选择土质肥沃、排灌方便的田块连片种植，与其它非糯玉米品种空间相隔300米以上，或抽雄吐丝期间隔20天以上。②适时播种。双膜覆盖栽培2月下旬播种，育苗移栽或地膜覆盖栽培3月中下旬播种，露地直播4月初播种。每亩种植3 000～3 300株。③配方施肥。底肥一般每亩施腐熟的农家肥2 000千克、三元复合肥40千克左右；5片叶时亩追施尿素10千克作苗肥；11～12片叶时亩追施尿素10千克、氯化钾10千克作穗肥。④加强田间管理。注意蹲苗，及时中耕除草，培土壅蔸，抗旱排涝；综合防治纹枯病和地老虎、玉米螟等病虫害。⑤适时采收。一般在授粉后23～26天采收。

适宜范围：适于湖北省平原、丘陵及低山地区种植。

（十六）白金糯玉

品种来源：湖北省种子集团有限公司用"HBN558"作

母本，"HBN2272"作父本配组育成的杂交糯玉米品种。2010年通过湖北省农作物品种审定委员会审定，品种审定编号为鄂审玉2010005。

品质产量：2008—2009年参加湖北省鲜食糯玉米品种区域试验，品质经农业部食品质量监督检验测试中心对送样测定，支链淀粉占总淀粉含量的97.4%。两年区域试验商品穗平均亩产739.67千克，比对照渝糯7号减产0.77%。其中，2008年商品穗亩产702.26千克，比渝糯7号增产0.64%；2009年商品穗亩产777.08千克，比渝糯7号减产2.01%。鲜果穗外观品质和蒸煮品质较优。

特征特性：株型半紧凑。幼苗叶鞘紫色，成株叶片数20片左右。雄穗分枝数15个左右，花药浅紫色，花丝紫色。果穗锥型，穗轴白色，苞叶适中，籽粒白色。区域试验中株高244.5厘米，穗位高103.0厘米，空秆率0.5%，穗长18.6厘米，秃尖长1.3厘米，穗粗4.6厘米，穗行数13.9行，行粒数38.4粒，百粒重32.9克，出苗至吐丝64.4天，比渝糯7号迟0.3天。田间大斑病1.3级，小斑病1.8级，纹枯病病指12.3，穗腐病1.0级，玉米螟1.0级。田间倒伏（折）率低于渝糯7号。

栽培要点：①隔离种植。选择土质肥沃、排灌方便的田块连片种植，与其他异型玉米品种空间距离相隔300米以上，或抽雄吐丝期间隔20天以上。②适时播种。双膜覆盖栽培2月下旬播种，地膜覆盖栽培或育苗移栽于3月中下旬播种，露地直播于4月初播种。每亩种植3 500株左右。③配方施肥。底肥一般每亩施腐熟的农家肥2 000千克、45%三元复合肥40千克；5片叶时每亩追施尿素5～6千克作苗肥；10～11片叶时每亩追

施尿素15千克左右作穗肥。④加强田间管理。注意蹲苗，及时中耕除草，培土壅蔸，抗旱排涝；综合防治纹枯病和地老虎、玉米螟等病虫害。⑤适时采收。一般在授粉后第22～26天采收。

适宜范围：适于湖北省平原、丘陵及低山地区种植。

（十七）渝糯3000

品种来源：重庆市农业科学院选育，A505×S181；2008年重庆市农作物品种审定委员会审定；2010年国家农作物品种审定委员会审定，审定编号：国审玉2010019

特征特性：西南地区出苗至采收期92天，比渝糯7号晚1天。幼苗叶鞘绿色，叶片绿色，叶缘绿色，花药黄色，颖壳绿色。株型半紧凑，株高222厘米，穗位高98厘米，成株叶片数19片。花丝绿色，果穗中间型，穗长17厘米，穗行数16～18行，穗轴白色，籽粒白色、糯质，百粒重（鲜籽粒）32.25克。经四川省农业科学院植物保护研究所两年接种鉴定，中抗茎腐病，感大斑病、小斑病、纹枯病、丝黑穗病和玉米螟。经西南鲜食糯玉米品种区域试验组织的专家品尝鉴定，达到部颁鲜食糯玉米二级标准。经四川省绵阳市农业科学研究所测定，支链淀粉占总淀粉含量的100%，皮渣率8.96%，达到部颁糯玉米标准（NY/T524-2002）。

产量表现：2008—2009年参加西南鲜食糯玉米品种区域试验，两年平均亩产（鲜穗）968.7千克，比对照渝糯7号增产9.7%。

栽培要点：在中等肥力以上地块栽培，每亩适宜种植2800～3600株，注意防治丝黑穗病，采用隔离种植、适时采收。

审定意见：该品种符合国家玉米品种审定标准，通过审定。适宜在重庆、四川宜宾、云南、贵州、湖北作鲜食糯玉米春播种植。

（十八）渝科糯1号

品种来源：重庆市农业科学院选育，B4301×S181，2007年重庆市农作物品种审定委员会审定，2009年四川省农作物品种审定委员会审定，2010年国家农作物品种审定委员会审定，审定编号：国审玉2010020。

特征特性：在西南地区出苗至采收期93天，比渝糯7号晚2天。幼苗叶鞘紫色，叶片深绿色，叶缘浅紫色，花药黄色，颖壳紫绿色。株型半紧凑，株高269厘米，穗位高116厘米，成株叶片数19片。花丝浅红色，果穗长锥型，穗长20厘米，穗行数18行，穗轴白色，籽粒白色、糯质，百粒重（鲜籽粒）35.5克。经四川省农业科学院植物保护研究所两年接种鉴定，中抗大斑病和小斑病，感丝黑穗病、纹枯病和茎腐病，高感玉米螟。经西南糯玉米品种区域试验组织的专家品尝鉴定，达到部颁鲜食糯玉米二级标准。经四川省绵阳市农业科学研究所测定，支链淀粉占总淀粉含量的100%，皮渣率8.88%，达到部颁糯玉米标准（NY/T524-2002）。

产量表现：2008—2009年参加西南鲜食糯玉米品种区域试验，两年平均亩产（鲜穗）1004.4千克，比对照渝糯7号增产16.0%。

栽培要点：在中等肥力以上地块栽培，每亩适宜种植2800～3600株，注意防治玉米螟，采用隔离种植、适时采收。

审定意见：该品种符合国家玉米品种审定标准，通过审定。适宜在重庆、四川、贵州、云南、湖北、湖南作鲜食糯玉米春播种植，注意防治玉米螟。

（十九）长糯6号

品种来源：重庆中一种业有限公司选育，YW2×S349-6；审定编号：国审玉2011024。

特征特性：在西南地区出苗至采收期94天，比渝糯7号晚2天。幼苗叶鞘紫色，叶片深绿色，叶缘浅紫色，花药黄色，颖壳紫绿色。株型半紧凑，株高273厘米，穗位高123厘米，成株叶片数19片。花丝浅粉红色，果穗长锥型，穗长18.4厘米，穗行数16～18行，穗轴白色，籽粒白色，糯质，百粒重（鲜籽粒）33.6克。

经四川省农业科学院植物保护研究所两年接种鉴定，中抗小斑病和茎腐病，感纹枯病、大斑病和玉米螟，高感丝黑穗病。经西南鲜食糯玉米品种区域试验组织的专家品尝鉴定，达到部颁鲜食糯玉米二级标准。经绵阳市农业科学研究所两年测定，支链淀粉占总淀粉含量的99.69%，皮渣率8.93%，达到部颁糯玉米标准（NY/T524-2002）。

产量表现：2009—2010年参加西南鲜食糯玉米品种区域试验，两年平均亩产（鲜穗）904.3千克，比对照渝糯7号增产8.1%。

栽培要点：①在中等肥力以上地块种植。②适宜播种期露地春播3月中旬至4月中旬。③每亩适宜种植3 000～3 500株。④注意防治纹枯病和玉米螟，丝黑穗病高发区慎用。⑤看苗施拔节肥和采取培土等栽培措施以防止倒伏。⑥采用隔离种植，适时采收。

审定意见：该品种符合国家玉米品种审定标准，通过审定。适宜在重庆、贵州、湖南、四川（绵阳除外）、湖北（武汉除外）作鲜食糯玉米春播种植。注意防治纹枯病和玉米螟，丝黑穗病高发区慎用。

（二十）渝糯851

品种来源：重庆市农业科学院选育，N805×S181，审定编号：国审玉2011025。

特征特性：在东南地区出苗至采收期88天，比苏玉糯5号晚2天；在西南地区出苗至采收期96天，比渝糯7号晚3天。幼苗叶鞘紫色，叶片绿色，叶缘浅紫色，花药黄色，颖壳紫绿色。株型半紧凑，株高255～268厘米，穗位高115～126厘米，成株叶片数19片。花丝浅粉红色，果穗长锥型，穗长19～20厘米，穗行数16～18行，穗轴白色，籽粒白色，糯质，百粒重（鲜籽粒）30.7克。

经中国农业科学院作物科学研究所在东南区两年接种鉴定，抗大斑病，中抗小斑病、纹枯病和茎腐病，高感矮花叶病和玉米螟。经四川省农业科学院植物保护研究所在西南区两年接种鉴定，中抗大斑病和小斑病，感纹枯病和玉米螟，高感丝黑穗病和茎腐病。经南方鲜食糯玉米品种区域试验组织的专家品尝鉴定，达到部颁鲜食糯玉米二级标准。经扬州大学农学院两年测定，支链淀粉占总淀粉含量的98.33%，皮渣率10.4%；经绵阳市农业科学研究所两年测定，支链淀粉占总淀粉含量的99.56%，皮渣率9.9%。均达到部颁糯玉米标准（NY/T524-2002）。

产量表现：2009—2010年参加东南鲜食糯玉米品种区域

试验，两年平均亩产（鲜穗）920.5千克，比对照苏玉糯5号增产28.4%；2009—2010年参加西南鲜食糯玉米品种区域试验，两年平均亩产（鲜穗）932.6千克，比对照渝糯7号增产11.9%。

栽培要点：①在中等肥力以上地块种植。②适宜播种期露地春播3月上旬至4月中旬。③每亩适宜种植2 800～3 400株。④注意防治玉米螟，丝黑穗病、纹枯病和矮花叶病高发区慎用。⑤采用隔离种植，适时采收。

审定意见：该品种符合国家玉米品种审定标准，通过审定。适宜在四川、重庆、贵州、云南、湖南、福建、广东、广西、海南、江西、浙江（金华除外）、湖北（武汉除外）、江苏中南部（南通除外）、安徽南部作鲜食糯玉米春播种植。注意防治玉米螟，丝黑穗病、纹枯病和矮花叶病高发区慎用。

第四章　普通玉米生产栽培技术

普通玉米是相对特用玉米而言，一般指收干籽粒的硬粒型、粉质型和马齿型玉米品种。大面积生产上，主要以发展普通玉米为主，市场需求量大，收获干籽粒便于储藏，种植技术简便，能够实行全程机械化操作。

本章着重介绍棉田改种普通玉米高产高效生产技术。包括春玉米地膜覆盖栽培技术、露地直播栽培技术、夏播玉米栽培技术、秋玉米栽培技术、玉米机械化生产技术。

第一节　春播玉米地膜覆盖栽培技术

玉米地膜覆盖栽培，是以保温、保墒、保肥为主的一项集成配套高产栽培技术，可充分发挥杂交良种、配方施肥、科学管理的综合作用，实现玉米高产稳产，全年增产增收。适用于冬季蔬菜—春播玉米、秋季蔬菜—春播玉米—秋播玉米连作种植、春玉米/棉花套作等种植模式。

一、播前准备

（一）选好地块，精耕细整

玉米地膜覆盖栽培，是精耕细作高效种植技术，只有选好地块，精细耕整，才能打好高产基础。

1. 选地

宜选择土层深厚、土质疏松，有机质丰富，肥力中上等的坪地或缓坡地。陡坡地、渍水地都不宜推广覆膜栽培。

2. 整地

冬季深翻炕土，播种前秒耙或旋耕碎垡，捡出未腐烂的前作物根茬和杂草，达到耕层深厚，透气性好，土壤细碎，土面平整的标准。

（二）因地制宜，选用良种

选用优良的杂交玉米品种，是玉米地膜覆盖栽培创高产的重要条件之一。只有选择比当地露地栽培品种的生育期长10天左右、产量潜力大的杂交品种，才能充分发挥地膜覆盖栽培的增产优势。

通过国家审定含湖北省和湖北省审定适宜在丘陵平原地区推广的杂交玉米品种，如宜单629、康农玉901、中农大451、登海9号、蠡玉16、郁青272等。

（三）精选种子，搞好处理

播种前选晴天晒种2～3个太阳日，降低种子含水量，增强种子对水分的渗透能力，促进酶的活性，以提高种子的发芽率和发芽势。种子晒好后进行筛选，清除破烂粒、虫伤粒，把大小粒种子分开，便于分级播种。未用种衣剂包衣的种子可使用粉锈宁、辛硫磷等药剂拌种，预防病害和地下害虫危害。方法是用15%粉锈宁，按5克药拌1千克种子的比例，把种子和粉锈宁装入塑料袋内，扎紧袋口，充分晃动，以药剂全部黏附在种子上为标准，拌匀后即可播种，随拌随播。

（四）选购地膜，备足肥料

地膜是覆盖栽培的主要生产资料。地膜的幅宽、厚度、拉力强度等质量好坏，直接影响到增温、保墒、保肥的效果。应根据玉米种植方式、土壤质地、生产成本等因素选购地膜，并做好及早备肥等工作。

1. 选购地膜

套种方式、土壤细碎的地块可选用厚0.005毫米、幅宽60～80厘米的强力超微膜；前茬作物秸秆未腐烂、保水保肥能力较差的地块，宜选用0.008毫米厚、幅宽70～80厘米的微膜。

2. 备足肥料

肥料是作物的粮食，要想夺高产，必须多施肥，尤其要增施有机肥。每亩备足2 000～3 000千克腐熟农家肥，同时按测土配方要求购足商品化肥，为玉米高产打好物质基础。

二、播种覆膜

（一）带状种植，沟施垄种

1. 开沟起垄

杂交玉米的种植方式，单作按120厘米开沟起垄，垄面宽80厘米，种植2行玉米；与棉花套作按200厘米开沟定厢，厢沟边播种玉米2行，在厢中间种植两行棉花。

2. 沟施垄种

在预留的玉米种植垄上，从中间开20厘米深的沟，将有机肥、磷、钾、锌肥及作底肥的一部分氮肥全部施入沟内，然后覆土盖肥起垄，垄高15～20厘米，每垄条穴播种两行玉米，行距约33厘米。

（二）适时足墒，定距播种

玉米地膜覆盖栽培，高质量播种十分重要，包括播种时期、播种密度、播种深度等。

1. 适期播种

播种适期要考虑三个方面的因素，即温度达到种子发芽的要求，土壤墒情能满足种子发芽和幼苗生长所需要的水分，出苗后避免晚霜冻害。具体播种时间一要看温度，气温稳定通过8℃，土壤表层5厘米深处温度稳定通过10℃以上，出苗后能避开−3℃左右的寒潮低温危害；二看水分，土壤水分保持在田间土壤持水量的60%～70%。一般掌握地膜覆盖比露地提早10～15天播种为宜。

2. 合理密植

播种方法可采用机械条播，或人工开沟条穴定距摆播或打窝错穴点播，播种覆土深度3～4厘米为宜，播种密度依据品种特征特性而定，一般单作紧凑型品种、中穗型品种适当密植，每亩4 000～4 500株为宜；半紧凑型或平展型品种、大穗型品种适当稀植，每亩3 500～4 000株为宜；套作可适当降低密度30%左右，每亩2 600～3 000株为宜。

（三）化学除草，严密覆膜

玉米播种后用平口耙将垄面整平，清除残枝，喷施化学除草剂，随即覆盖地膜。覆膜方式可采取机械覆膜或人工覆膜，不管哪种方式，都必须把膜拉紧、铺平，四边用土封严，膜面宽度保持35厘米以上，以利于采光增温。

（四）深开沟渠，防涝排渍

春播玉米生长期间雨水比较多，降雨日数多、雨量大，易出现渍涝灾害，必须开好田间排水沟和田外排水渠，确保暴雨期间无涝灾，雨后田间无积水。开沟标准：坪垲地中间开"十字沟"，沟深25～30厘米；四边开围沟，沟深35～40厘米，沟沟相通，沟直底平，排水畅通。

三、田间管理

（一）破膜放苗，查苗补缺

玉米地膜覆盖栽培的出苗比较集中，幼苗生长比较快，要切实做好破膜放苗，预防苗子徒长或晴天中午高温烧苗，发现缺苗及时补栽，确保全苗。

1. 及时放苗

正常情况下，一般在播种后12～15天，幼苗二叶一心期放苗；遇到寒潮天气，可在冷尾暖头及时放苗；若遇晴天高温，应在下午16时后放苗。放苗的方法比较多，可用竹签、铁丝钩等对准苗上的地膜破1～2厘米的小孔，将苗放出膜外，并用细土封严膜口。

2. 查苗补缺

因土壤墒情不足造成的缺苗断垄，应及时采取温水浸种催芽补种，浇足水分，细土盖种。若是遭受地下害虫危害造成缺苗，可采取移苗补栽，或在相邻的播种穴上留双苗，确保种植密度。

（二）适时定苗，除掉分蘖

玉米地膜覆盖栽培，幼苗生长快，分蘖比较多，适时定苗，及时去掉分蘖是培育壮苗的重要技术环节。

1. 定苗时间

定苗时间可依据三个方面的情况而定，一是看叶龄，在正常情况下，当幼苗生长到3～4片叶时定苗；二是看害虫，地下害虫比较多的地方，可适当推迟定苗时间，以5叶期为宜；三是天气，寒潮过后及时定苗，预防寒潮造成损伤或死苗。

2. 定苗方法

在掌握去弱留壮的基础上，去苗时用左手按住要留苗的茎基，右手捏住应拔掉苗子的茎向上连根拔起，避免影响所留苗的根系生长。

3. 早去分蘖

地膜玉米生长健壮，常在7～8片叶期，从基部1～3节叶鞘内长出分蘖，既消耗养分，又不能成穗，应及早除掉。去蘖的方法是用手横向辦掉，不能向上拔，最好在晴天去蘖，有利于伤口较快愈合，减少病害浸染（图4-1）。

图4-1　玉米分蘖

（三）定距打孔，追施穗肥

玉米进入拔节孕穗期，是营养生长和生殖生长旺盛的阶段，也是玉米一生中吸收养分最快、数量最多，决定株壮、穗大、高产的关键时期。尤其是地膜覆盖后，地温升高，墒情适宜，微生物活动旺盛，加速养分分解，促进植株生长茂盛，适时足量追施穗肥，增产效果十分显著。

1. 追肥数量

依据玉米需肥规律及苗情长势，确定适宜的追肥数量。亩产500~600千克的地块，需要吸收纯氮15~18千克，在底肥施足70%的基础上，每亩穗肥需施纯氮6千克左右，相当于13千克尿素，对长势差的适当多施、偏施，长势旺的适当少施。

2. 追肥时间

玉米追施穗肥的最佳时间在雌穗分化小穗和小花期。此时叶龄指数为50~60，植株顶部叶片外形为大喇叭口状。如以总叶数20片的中熟品种为例，全展叶10~11片，追肥比较适宜。对叶色淡绿呈现脱肥现象的田块，可提早3~5天追施。

3. 追肥方法

推广打孔追施，提高肥料利用效率。使用打孔器在行株间打孔，每两株间打一孔，把肥料丢入孔内，随即用细土封严孔口。

（四）培土壅蔸，预防倒伏

玉米地膜覆盖栽培，植株生长旺盛，在雨水多、风灾频繁的地区，要特别加强预防倒伏措施（图4-2）。

图4-2 玉米倒伏、倒折症状

1. 防倒

选用株型紧凑、茎秆弹性好、根系发达、抗倒性强的品种，预防倒伏。

2. 抗倒

在植株大喇叭口期、抽雄期分两次进行培土，每次培土高度3～5厘米为宜，促进玉米植株基部节气生根系生长，增强抗御风灾的能力。

3. 救倒

遇到突袭的大风、暴雨，造成玉米植株倒伏，应在风雨停止后及时进行人工扶正，将植株扶起，用脚踏实根部，再进行培土。

（五）辅助授粉，预防稀米

大田玉米生产中，在玉米吐丝散粉期遇到高温或长期阴雨等不良天气的影响，常会造成玉米雌穗授粉结实不正常。预防的有效措施是人工辅助授粉。方法是在玉米植株开花吐丝期，晴天或阴天上午9-11时，一人左右手各拿一根3米左右长的竹竿，顺玉米行间向两边推动植株，促进花粉散落，以提高花丝授粉和结实率。

（六）控制虫害，预防病害

危害玉米的主要害虫有地老虎、蝼蛄、蜗牛、蛞蝓、蛴螬、玉米螟、斜纹夜蛾、黏虫、灰飞虱、蚜虫等，常发病害有纹枯病、茎腐病、丝黑穗病、大（小）斑病、褐斑病等。防治措施以农业措施为基础，物理和生物措施为重点，化学措施为辅助（见第六章）。

（七）适时收获，清拣废膜

1. 适时收获

玉米果穗籽粒基部出现黑色层，籽粒的养分通道已经堵塞，标志着籽粒已达到生理成熟；从植株外形看，果穗苞叶由绿色转黄，应适时收获，夺取高产丰收，同时也可为套种或连作作物早腾茬，实现全年高产高效。

2. 清拣废膜

玉米收获后，地膜已经破碎，不能继续使用，如果不能清拣干净，残留在土壤内，难以腐烂，污染环境，危害农作物根系生长。要在玉米收获后，将废膜清拣干净，集中销售或处理。

第二节　春播玉米露地栽培技术

江汉平原和鄂东（中）丘陵地区，春季种植玉米大多数是露地生产，应掌握好以下几项技术要点

一、选用良种

选用株型紧凑或半紧凑、大穗或中大穗型品种，主要有宜单629、中农大451、康农玉901、登海9号、蠡玉16、郁青272、楚单139、邦豪玉909、华科1号、中科10号等，这些品种都具有亩产700千克以上的生产潜力。

二、规范种植

根据地域气候条件、栽培方式等因素，确定适宜播种期。

春播玉米，着重考虑地温和气候能否满足玉米发芽、出苗及苗期生长条件，一般可在气温稳定通过12℃时播种，平原丘陵地区可在3月下旬至4月初播种，备育5%～10%玉米苗，用于大田补苗。播种后注意防治鼠、雀为害。

单作玉米地块，推广起垄种植，按120厘米宽开沟起垄，每垄种植2行玉米，垄上窄行距40厘米，株距27～30厘米，错穴播种，每亩密度3 700～4 000株。紧凑型品种视土壤肥力可以适当增加种植密度，但不宜超过4 500株。

三、配方施肥

玉米是高产作物，需肥量比较大，应依据品种的需肥规律、土壤供肥能力和设计产量指标，制定出科学的施肥配方及施肥时间，基本营养氮、磷、钾三要素要施足，微量元素锌肥要施够。根据我省玉米种植地块土壤及肥力水平，每亩需施纯氮18千克、五氧化二磷6千克、氧化钾12～15千克、硫酸锌1千克。在施肥方法、肥料种类、施肥数量和施用时期上，应因地制宜，底肥用量占总施肥量的70%，苗期追肥占10%，植株大喇叭口期追施攻穗肥占20%。底肥在种植玉米的垄中间，开20厘米深的沟，施玉米专用BB肥50千克、锌肥1千克，覆土起垄；苗期对小苗、弱苗偏施尿素2～3千克；植株大喇叭口期（叶龄指数达到55时）追施攻穗肥，劳动力充足的可在行株间打洞深施，大面积推广机械施肥（图4-3），每亩施尿素15～20千克。

图4-3 玉米机械施肥

四、田间管理

玉米是生长速度快，单株经济产量比较高的作物，生产管理上必须下工夫抓好苗全、苗齐、培育壮苗。

（一）查苗补缺

出苗期及时观察苗情，发现因鼠、雀及地下害虫为害造成缺苗断垄的，需及时移栽补缺，并浇足定根水，成活后偏施1次水粪，促进平衡生长。

（二）防治病虫

玉米常发病害有纹枯病、病毒病、丝黑穗病、茎基腐病，虫害主要是地老虎、玉米螟、蚜虫。

1. 防治病害

首先应选择抗病性强的优良品种，再用种衣剂包衣处理，用药防治纹枯病可喷施井冈霉素，或去掉基部发病叶鞘，涂抹石灰水；预防茎基腐病，主要是开好田内三沟，排渍降

湿；病毒病和丝黑穗病难以防治，发现病株及时拔掉，并带出田外深埋处理。

2. 防治虫害

地老虎可采取太阳能杀虫灯、频振式杀虫灯、性诱捕器、黄塑板等物理诱杀技术（图4-4），可用糖浆草把诱杀成虫，或在玉米苗期喷施氯氰菊酯防治；防治玉米螟，可在大喇叭口期，用Bt可湿性粉剂拌细砂粒或细土，制成颗粒剂，丢入心叶内，每株放6~8粒；抽雄授粉期，用喷雾器喷施Bt药液；连片种植玉米比较大的区域，可放赤眼蜂防治。

图4-4　玉米害虫物理防治技术

（三）培土壅蔸

玉米植株大喇叭口期，结合施肥清沟培土壅蔸，培土高度5~8厘米，促进气生根生长；灌浆结实期间，看植株长势，对生长势旺，植株高大的地块，再培一次土，增加气生根层数，提高抗倒伏能力。若遇到大风暴雨造成植株倒伏的，应及时扶起，并用脚踩实根部后再培土。

（四）辅助授粉

人工辅助授粉是提高玉米结实率、减少秃尖、增加产量的有效措施。简单的授粉方法是在开花吐丝期的晴天上午9～11时，左右手各拿一根3米长左右的竹竿，顺玉米行向串动，向两边推动植株，促进花粉散落；对吐丝过迟的植株，可用容器采集花粉，然后授予花丝上。大田生产上也可以采取隔行去雄，即在雄穗即将抽出时，将雄穗拔除，隔一行去一行，以减少养分消耗，促进养分回流，增加产量。

五、适期收获

目前推广的玉米品种大多数是活秆成熟，叶青籽黄，应掌握在最佳采收期收获，确保增产增效。一般在籽粒的生理成熟期最好，即在籽粒基部露出黑褐色沉积物（称黑层），标志着果穗籽粒的养分输送通道已经堵塞，籽粒已经达到生理成熟，即可收获，机械收获宜推迟5～7天。

第三节　夏播玉米栽培技术

夏播玉米一般指入夏以后播种的玉米。我国夏播玉米主要集中在黄淮海地区的山东、河南省以及河北、山西省的南部，安徽、江苏两省的北部，陕西省的关中地区。最近几年，湖北省的襄阳市、随州市、荆门市、宜昌市东部的岗地及丘陵平原地区，夏玉米发展很快，尤其是鄂北岗地，已成为玉米的主要种植方式。

一、夏播玉米生产发展情况

在鄂北岗地和鄂中丘陵平原地区，小麦或油菜连作夏播玉米，已成为该区域的主要种植模式，发展十分迅速，对粮食生产的发展，起到了积极的推动作用。

(一) 夏播玉米生产区域

湖北省适宜种植夏播玉米的区域，应以北纬31°以北的岗地、丘陵和丹江库区的低山地区。这一区域既是小麦主产区，又是夏播玉米高产地区，小麦玉米连作，两季亩产可过吨粮。主要包括襄阳区、枣阳市、老河口市、襄城区、樊城区、宜城市以及南漳县、谷城县、保康县、丹江口市、郧县、郧西县、随县及钟祥市等；最近几年，地处江汉平原地区的当阳市草埠湖农场，已将棉田改种成夏播玉米，实行小麦与玉米连作，两季全程机械化生产，粮食增产、农业增效、农民增收的效果显著。

(二) 夏播玉米迅速发展

进入21世纪，由于杂交玉米科技育种的突破，选育出一批紧凑株型、早中熟高产杂交品种，为发展夏播玉米生产，提供了科技支撑；加之农业机械化的推进，为夏播玉米整地、播种创造了有利条件，从而促进了种植结构的调整，夏播玉米得以迅速发展。从鄂北岗地的襄阳、枣阳、老河口、宜城、随县等玉米生产情况看，2012年夏播玉米播种面积达180多万亩，平均亩产450千克，总产81万吨。

(三) 夏播玉米生产风险

夏播玉米生长发育期间，正处在夏季，是高温干旱、大风暴雨以及病虫等自然灾害多发期，尤其在7月中下旬，常会出现伏旱的影响，如果播种时期或品种选用不恰当，就可能遭受伏旱高温危害，造成玉米植株抽雄困难，称之为"卡脖旱"，不适宜品种散粉期遇高温，花粉糖化，严重影响授粉结实。或雄穗与雌穗生长不协调，造成授粉困难，雌穗结实不正常。有些年份在玉米授粉至灌浆阶段，还会受到台风影响，发生大风暴雨，造成玉米植株倒伏。因此，必须因地制宜，采取避灾、抗灾措施，把自然灾害的风险降到最低程度，为夏播玉米生产发展创造有利的条件。

二、夏播玉米栽培管理技术

夏播玉米的前茬作物主要是小麦或油菜，多数年份收获腾茬时间在5月下旬至6月初，既要抢收，又要抢种，处于季节劳动力大忙阶段，有时候还会受到不利天气的影响，给夏收夏种带来一定的难度。因此，在夏玉米生产上要切实抓好，少免耕整地，推广机械化适期播种，合理密植，加强田间管理，培育壮苗等抗灾高产栽培技术。

（一）少免耕整地

1. 少耕

夏播玉米要抢季节，抢墒情整地。在前茬小麦、油菜收获后，用拖拉机带粉碎机将秸秆粉碎还田，然后旋耕灭茬。按230厘米宽开沟整厢，厢沟深20厘米，腰沟深25厘米，围沟深30厘米，沟直底平，三沟相通，达到暴雨过后田间无积水的标准。

2. 免耕

如果前茬作物收获期推迟，或遇到连阴雨天气，不便于

拖拉机旋耕整地时，可采取免耕种植。

（二）选用良种

目前，在黄淮海夏播种植玉米生产区域，选用的杂交玉米品种，以中早熟、中大穗、紧凑株型的品种为主。我省温光等自然资源条件比较优越，夏播玉米生长季节相对较长，宜选用中迟熟杂交优良品种，充分利用9月至10月上旬昼夜温差大，有利于玉米灌浆结实的良好气候条件，因地制宜选用优良的杂交玉米品种。可选用耐高温性比较强的汉单777、郑单958、浚单509等品种。

（三）适期播种

夏玉米能否做到适期播种，是避灾、抗灾、确保高产稳产的种植基础。

1. 确定适宜播种期

（1）依据气候条件，确定适宜播种期。根据当地伏旱高温出现的概率时段，确保玉米抽雄吐丝授粉期避开高温危害。江汉平原地区伏旱期一般出现在7月中下旬至8月初，少数年份可能出现伏秋连旱。针对气候特点，可以把夏播玉米抽雄吐丝授粉期安排在8月7～15日比较合适。既要考虑避开伏旱，又要预防秋寒危害。

（2）依据品种生育期，确保适宜播种期。夏播玉米一般选用的是中熟杂交玉米品种，全生育期90～100天，正常情况下，从播种到抽雄吐丝需要60天左右，要避开7月中下旬高温伏旱阶段，可将播种期确定在5月底至6月初比较适宜；若是使用迟熟杂交品种，可将播期提前到5月底，比较适合。

（3）依据前作物腾茬时间，确定适宜播种期。前茬作物是油菜的地块，在5月中旬收获，宜选用迟熟杂交玉米品种，玉米在5月下旬播种；前茬作物是小麦的地块，一般在5月底至6月上旬收获，宜选用中熟杂交玉米品种。

2. 因品种确定密度

依据杂交玉米品种的特征特性，设计的每亩产量水平，确定合理的种植密度。一般紧凑型早中熟杂交玉米品种，每亩种植4 500～5 000株，迟熟品种每亩种植4 000株左右；半紧凑型中迟熟品种，每亩种植3 800～4 000株，套种田块每亩种植3 500株左右。

3. 高质量规范播种

（1）机械播种。夏播玉米应因地制宜推广使用机械播种，既能保证按规范的行、穴距种植，又能做到播种深浅一致，出苗整齐，同时还有利于加快提高播种进度，降低劳动力投入成本。播种机可选用"扶隆牌"等玉米播种机，机宽230厘米，一次播4行玉米，播种穴距、播种数量按照种植密度进行调整。

（2）人工播种。在地块比较小，土壤比较湿等不便于机械操作的田块，可采用人工播种，实行宽窄行条、穴点播，宽行距70厘米，窄行距40厘米，每穴播2粒种子，播种盖土厚度3～4厘米为宜。

（四）测土配方施肥

1. 施肥依据

依据玉米生长发育的需肥规律和产量指标，以及土壤养分测定的含量与供肥能力，确定最佳的施肥配方。一般按每

生产100千克玉米籽粒需纯氮3千克、五氧化二磷1千克、氧化钾3千克的标准确定施肥数量。

2. 施肥数量

设计夏播玉米亩产600千克的地块，每亩可施纯氮16~18千克，五氧化二磷5~6千克，氧化钾10~11千克。肥力较高的地块取下限指标、肥力中等的地块取上限指标。缺锌地块，每亩补施硫酸锌0.8~1千克。

3. 施肥时间

机械耕旋整的地块，底施50%的氮肥和全量的磷、钾、锌肥；未能施用底肥的地块，在苗期、大喇叭口期分2次施用。苗期在定苗后施用，将氮肥总量的40%+全部磷、钾、锌肥，在行间开沟深施15厘米，促根壮苗；大喇叭口期，即叶龄指数达50~60，追施总氮量的60%，机械施肥，促进穗大粒多。也可选用含硫玉米专用缓释肥，在苗期一次性追施。

（五）搞好田间管理

围绕培育苗全、苗齐、苗壮，切实做到因地因苗管理。

1. 查苗补缺

出苗期间，逐行进行查苗，若发现缺苗断垄，及时进行温水浸种催芽补种，浇足水分。

2. 及时定苗

幼苗4~5片叶，及时定苗，每穴留1株壮苗，拔出小苗、弱苗及根际杂草。

3. 中耕除草

雨过天晴，结合追肥，适墒进行中耕灭茬除草，拔出根际杂草。

4. 防病治虫

采取农业防治、物理防治与生物防治为主，化学药剂防治为辅的综合防治措施，预防病害，防治虫害，选用抗耐病虫性强的品种，开好田内厢、腰、围沟，及时排除渍水，清除地边杂草，减少病虫基数；使用频振式或太阳能杀虫灯，诱杀成虫；用Bt可湿性粉剂拌细砂或过筛细土，于大喇叭口期丢入植株心叶内防治玉米螟虫，抽雄授粉期，喷施Bt或甲维盐药液，防治玉米螟危害茎秆、雌穗。

5. 预防倒伏

玉米植株大喇叭口期，是生长最旺盛阶段，气生根开始生长，同时也是暴风雨发生较多的时期，结合追肥，清理厢沟，进行培土壅蔸，培土高度5～8厘米，促进气生根系生长，并深扎入土中。若遇大风暴雨造成植株倒伏的，应在雨后及时进行人工扶起，并用脚踏实根部，天晴土爽时再进行培土壅蔸。

6. 辅助授粉

人工辅助授粉是提高果穗结实率，减少秃尖，增加产量，创造高产的有效措施。在开花吐丝期的晴天上午9～10时，进行人工赶粉，方法是左右手各拿3米长左右的竹棍，顺玉米宽行串动，向两边推动植株，促使花粉散落；对吐丝较迟的植株，可用容器采集花粉，授予雌穗花丝上。

（六）适时收获果穗

9月下旬至10月上旬，玉米果穗苞叶开始转黄、果穗上籽粒乳线基本消失，基部黑色层出现，向籽粒输送养分的通道已经堵塞，此时玉米已达到生理成熟。应抢晴天适时采收

果穗，剥开苞叶晾晒3~4天，用机械脱粒，将籽粒薄摊在晒场上，晒2~3天，手握籽粒落地有响声，含水量降到14%即可销售或储藏。

（七）秸秆粉碎还田

玉米果穗收获后，随即用粉碎机将秸秆全部粉碎还田，拖拉机深翻耕地，埋压秸秆，提高土壤有机质含量，培肥地力；饲养奶牛或肉牛的地方，可将秸秆收割送到养牛场，青贮喂牛，过腹还田，发展循环农业，提高经济效益，增加农民收入。

第四节　秋播玉米生产技术

秋玉米指的是7月中旬至8月上旬播种，秋季收获的一季玉米。过去在长江流域受夏季洪涝灾害影响，常把玉米作为抗灾作物，7月上中旬遇到洪涝灾害，在7月中下旬洪水退去后立即抢种玉米，11月上中旬收获，每亩可收获干籽粒玉米400~500千克。

一、秋播玉米生产情况

近年来，长江和汉江沿江平原地区，以及鄂东南丘陵地区，围绕市场需求，因地制宜调整种植结构，积极发展秋播玉米生产，提高复种指数和耕地产生效率，既丰富了市场农产品有效供给，又增加了农民经济收入，一举多得。每年推广面积约20万亩，随着玉米育种的科技进步，种植结构的优化调整，秋播玉米种植面积将呈现逐年扩大的趋势。

二、秋播玉米栽培技术

秋播玉米常会受到季节以及天气干旱条件的限制，生产上要把握好因地制宜抢早播种，选用生育期比较短的杂交玉米品种，增加种植密度，科学运筹肥水，一播全苗，培育早发壮苗，夺取高产丰收。

（一）因地制宜，选用良种

适宜湖北省平原丘陵地区作秋玉米生产的品种，需选用生育期短，株型紧凑或半紧凑，植株比较矮，果穗籽粒灌浆速度快，抗耐干旱和涝湿性强的品种，根据湖北省现代农业展示中心2010—2014年连续5年的秋玉米品种播期试验结果，一般年份郑单958、正大12等早熟品种7月25日前播种80%保证率能够正常成熟，秋季低温来得迟的年份，7月30日播种也能正常成熟。

种植秋季鲜食甜玉米华甜玉3号、福甜玉18等中熟品种一般年份8月10日前播种，金中玉等中迟熟品种8月5日前播种能正常成熟；糯玉米彩甜糯6号等7月30日前播种，适时出苗，能正常成熟。

（二）抢时播种，适当密植

"春争日，夏争时"。时间就是产量，季节就是效益。旱地茬口，土壤相对比较疏松，可争取免耕播种，出苗后及时中耕松土、除草；水田由于缺水不能栽插晚稻的田块，可在早稻收获后立即翻耕整田，整碎土垡开沟起垄播种。

秋玉米营养生长期比较短，一般早熟品种从播种出苗到抽雄吐丝只有50多天，因此相对春、夏播种植时植株矮小一些，

可适当加大种植密度，早熟品种如郑单958每亩种植密度可增加到5 000株左右，中熟品种4 500株。机械播种采取单粒定距播种，适当加大10%的密度；人工开沟条穴点播或穴播，采取单双粒间隔播种，减少间苗投工，遇缺苗可在旁边留双株保密度。

（三）肥水齐改，培育壮苗

秋玉米播种时温度高，施用氮素化肥挥发损失比较大，底肥最好施用缓控释肥料，或三元复合肥，加大苗期追肥数量，氮素化肥按底肥：苗肥：穗肥4：3：3比例施用，或按底肥：穗肥5：5比例施用。遇到干旱应及时灌水，确保适时出苗和全苗，推广水肥一体化技术，培育壮苗。

（四）防除杂草，中耕松土

秋玉米播种时融合了一年里较好的温度、光照、水分等自然资源条件，玉米苗生长快，杂草繁殖也比较快，要因杂草种类，选择玉米苗后除草剂，对恶性杂草，可在喷头上带一个控制喷幅装置，喷施除草剂时严禁喷到玉米茎叶上。对免耕播种或地面比较板结的地块，可在玉米5~6片叶时，机械中耕松土一次。

（五）防治病虫，开沟排渍

秋玉米常发病害主要是纹枯病，近年来锈病、灰斑病也呈加重发生蔓延趋势，2012年秋玉米普遍发生灰斑病，2014年又严重发生锈病，这与秋季气候条件密切相关，在选用抗病品种的基础上，着重是搞好开沟排渍，降低田间湿度，选用对症农药，适时喷药防治。

害虫主要是玉米螟、菜青虫、斜纹夜蛾等，选用对口农药防治。

（六）适期采收，提高品质

据科学研究，玉米籽在气温降到16℃时就停止灌浆，为不影响下茬作物适时播种，可在玉米停止灌浆时采收，有利于提高产品质量。

第五节　玉米机械化生产技术

玉米生产机械化是实现农业生产机械化的重要组成部分，也是传统农业向现代高效农业发展的重要标志，大力发展玉米生产机械化，不仅可以降低农民的劳动强度，而且能提高玉米产量，达到玉米生产节本增收的效果。对保障我国粮食安全、促进农牧业发展、提速粮食加工业进程，实现农业增效和农民增收都具有重要的战略意义。

一、国内外玉米机械化生产概况

（一）发达国家普及玉米机械化生产

美国、欧洲的乌克兰和俄罗斯等国家在20世纪40～60年代基本实现了玉米生产机械化，并一直向机具大型化、作业多功能化发展。其中，美国是世界上发展机械化最早的国家，也是玉米生产现代化程度最高的国家。美国早在1940年前后就基本实现了农业机械化。20世纪60年代开始使用收获同时脱粒的摘穗机；进入80年代，美国玉米生产已经实现了机械自动化。其特点是向大功率、高速度、宽幅和联合作业方向发展。拖拉机功率都在200～400马力，耕地时前进速度达到12千米/小时，每台拖拉机每天可耕地180亩。为保证播

种质量，采用装有电子监控、自动调节和激光定位的先进播种机具，提高种子定位能力，使播种条幅更加规格，播种深度控制准确一致。美国的农用机械日益向大型化、一机多用和多机联合作业方面发展，使玉米生产的全过程包括耕地、整地、播种、中耕、除草、施肥、喷药、排灌、收获、运输、贮存、加工等作业都实现机械化和自动化。高度的机械化大大提高了生产率，加大了玉米生产的集约化规模。

（二）我国玉米机械化生产步入快速发展阶段

我国玉米生产以个体农户为主，经营规模小，土地不连片，无法使用大型农机具，与美国的机械化自动化水平存在很大的差距。但近年来，我国玉米消费呈刚性增长，种植面积和产量逐年增加，发展势头很好，玉米生产机械化也得到了很大的提高。特别是《中华人民共和国农业机械化促进法》的颁布施行和国家农机购置补贴政策实施之后，广大农民购置使用玉米生产机械的积极性高涨，玉米生产机械化迎来了空前良好的发展环境和条件。各种玉米生产机械化服务组织迅速发展，服务能力不断增强，玉米地耕整、种植和田间管理等环节机械化作业问题基本解决。全国玉米耕、种、收综合机械化水平达到56%，其中，机耕水平达到59.4%，机播水平达到58.7%，机收水平达到50%。

从区域来看，北方春玉米种植区目前机播水平最高，达到79.4%，基本上实现了播种机械化，机收水平仅40%左右；黄淮海夏播玉米种植区，机播水平为58.2%，机收水平达到70%以上，发展最快，水平领先；南方丘陵玉米种植区，机械化播种、收获正在起步。我省襄阳市的襄州、枣阳、宜城、老河口、荆门市的钟祥、宜昌市的当阳、枝江等县（市、区）已大面积推广玉米全程机械化作业。

二、玉米机械化生产技术要点

玉米生产全过程机械化技术包括播前整地、播种、灌溉、中耕、植保、收获、收后秸秆还田等环节。

（一）选地整地

选择地势平坦，地块较大，便于机械作业，土质肥沃，灌、排水良好的地块。在耕播前用较大型的旋耕机或圆盘耙，对前作物根茬及表层土壤旋耕耙切1～2遍，可有效地破碎根茬，保证土地耕翻和根茬还田质量，同时，基肥可在整地前撒在地面上，一起旋耕于地下；深耕时采用大中型拖拉机挂接深耕犁或翻转犁对土地进行深翻25～30厘米，可实现对秸秆的深度翻埋，并且耕后地表平整，覆盖好，土垡松碎，深耕犁在配合各种型号的施肥机，可同时把化肥深施至地下，或深耕犁耙配合钉齿耙，在深耕的同时可碎土保墒，对土地进行平整作业（图4-5）。

图4-5　拖拉机整地

另外，整地时还可以选用多功能联合整地机，采用双轴灭茬旋耕，在作业过程中可以灭茬、旋耕、起垄、镇压四个步骤一次性完成，质量好，速度快。

（二）播种

为适应玉米机械化生产，应尽量选择耐密型品种，并在播种前进行种子精选，去除破损粒、病粒、瘪粒和杂粒，提高种子质量，有条件的还可以用药剂拌种，拌匀即可播种，拌种对防治地下害虫、苗期害虫和玉米丝黑穗病的效果较好。

直播玉米主要采用的是玉米精少量播种机械，目前推广使用的有2BY、2BEY、2BJD-3等型号的精少量玉米直播机，还有少量2B0-6型气吸式玉米精播机，目前重点示范推广的是集播种、施肥、喷洒除草剂等多道工序一次完成的播种机（图4-6）。

图4-6　玉米机械化播种机

试验表明，各种玉米播种机质量都比较可靠，可与农村保有量最大的各种拖拉机配套使用。播种时应根据土壤墒情及春季气温状况确定播种深度，适宜播深为3～5厘米。玉米行距的调节要考虑当地种植规格和管理需要，还要考虑玉米联合收获机的适应行距要求，如一般的悬挂式玉米联合收获机所要求的种植行距为55～77厘米。

玉米机械化直播的规范性有利于合理密植技术的推广，保证玉米播种的精度、密度、深度，达到苗全、齐、匀、壮；有利于高产，一致的种植规格还有利于玉米联合收获机的推广利用。

（三）中耕追肥

根据地表杂草及土壤墒情适时中耕，第一次中耕一般在玉米苗显行后进行，起到松土、保墒、除草作用，以不拉沟、不埋苗为宜，护苗带10～12厘米，严格控制车速，一般为慢速，中耕深度12～14厘米；第二遍开沟、追肥、培土、中耕护苗带宽，一般为12～14厘米，中耕深度14～16厘米。中耕机具选用铁牛-55拖拉机，2BQ-6气吸式精良播种中耕追肥机，中耕机上安装单翼铲、双翼铲、大小杆齿。新疆-15拖拉机可带小型中耕施肥机。也可自制施肥、中耕机械，如用微型手扶拖拉机作动力改装施肥、中耕、喷药机械。因为微型手扶拖拉机轮距可在60厘米范围内调整，能够在玉米行间内行驶（图4-7）。

图4-7　当阳草埠湖镇玉米机械化中耕施肥机

（四）玉米病虫草机械化防控技术

玉米病虫草机械化防控技术是以机动喷雾机喷施药剂除草免中耕为核心内容的机械化技术。目前，应用较为广泛的机型是3WF-26型机动弥雾机。一是在玉米播种后芽前应用3WF-26型机动弥雾机喷施乙草胺防治草害（图4-8）；二是对早播田块在苗期（五叶期左右）喷施久效磷等内吸剂防治灰飞虱、蚜虫，控制病毒病的危害；三是在玉米生长中后期施三唑酮防治玉米大小斑病等叶面病害。

图4-8　玉米田间机械化喷药作业

（五）收获机械化

目前机械收获应用较多的玉米联合收获机有摘穗型和籽粒型两种。摘穗型分悬挂式玉米联合收割机和小麦联合收割机互换割台型两种，可一次性完成摘穗、集穗、自卸、秸秆还田作业。与大中型拖拉机配套的主要机型有山东大丰、河北农哈哈等4YW系列；与小麦联合收获机互换割台型主要机型有山东金亿春雨等4YW系列（图4-9）。

图4-9　玉米机械采收果穗

　　籽粒型玉米收获机是在小麦联合收割机的基础上加装玉米收割、脱粒部件，实现全喂入收获玉米，一次性完成脱粒、清粒、集装、自卸、粉碎秸秆等作业（图4-10）。

图4-10　玉米机械采收脱粒

第五章　鲜食玉米生产技术

鲜食玉米广义上指的是在乳熟期采摘果穗用于蒸煮食用的新鲜玉米果穗，包括甜玉米、糯玉米、笋玉米以及普通玉米；在批量的商业化生产销售过程中，鲜食玉米应狭义地特指甜玉米和糯玉米。

鲜食玉米的用途和食用方法类似于蔬菜，可生食称为"水果玉米"，可蒸煮后直接食用，又被称为"蔬菜玉米"；又可加工制成各种风味的罐头和加工食品、冷冻食品，又被称之为"罐头玉米"，因此，鲜食甜玉米、糯玉米具有很高的营养和经济价值。已成为全世界第三大果蔬之一的黄金食品。

本章着重介绍鲜食甜玉米、糯玉米的类型、经济价值、国内外发展状况、产品质量标准、栽培技术。

第一节　鲜食玉米的类型及经济价值

一、甜玉米

甜玉米起源于美洲大陆，由普通型玉米发生基因突变，经长期分离选育而成的一类鲜食味甜的玉米总称。1936年美国育成世界上第一个甜玉米品种。

（一）甜玉米类型

甜玉米英文Sweet corn，是甜质型玉米（Zea mays L.

saccharata sturt）的简称，与普通玉米的本质区别，在于甜玉米携有能显著提高籽粒含糖量的有关隐性突变基因。由于所携控制基因的不同，甜玉米又有不同的遗传类型，生产上主要应用的有普通型甜玉米、超甜型甜玉米和加强甜型甜玉米。

1. 普通型甜玉米

这种类型甜玉米携有单一隐性甜质基因（sul）。sul基因由East 和Hays（1911）发现。纯合sul甜玉米乳熟期籽粒总含糖量一般为8%～11%，通常是普通玉米的2倍多，其中蔗糖含量占2/3，还原糖量占1/3，分别是普通玉米的3倍和2倍。另外，籽粒的水溶性多糖含量极高，达籽粒干重的25%，是普通玉米的10倍。这种水溶性多糖的主要成分是一种称为植物糖原的物质，它是由许多分枝的葡萄糖链所构成，主链是10～14 个葡萄糖分子a_{1-4}联结，支链长度是6～30个葡萄分子a_{1-6}联结。由于籽粒含糖量和水溶性多糖含量的提高，使玉米籽粒不仅具有一定的甜味，而且具有独特的糯性，食用风味好，容易被人体吸收利用。受sul基因控制的甜玉米，能够阻止糖分向淀粉转化，但这种阻止是不完全的，通常采摘后1～2天部分糖就会迅速转化为淀粉，甜度下降。在成熟的籽粒中，淀粉含量显著少于普通玉米，籽粒皱缩干秕，一般呈半透明状。

2. 超甜型甜玉米

这种类型甜玉米携有单一隐性基因sh2（皱缩2），或bt（脆弱），或bt2等的甜玉米。主要特点是籽粒含糖量极高，其中大部分是蔗糖。如sh2型超甜玉米，乳熟期籽粒总糖含量可达25%～35%，其中蔗糖含量为22%～30%，比普通型甜玉米

高出10倍以上，而其水溶性多糖含量并不显著增加，碳水化合物总含量有所减低。成熟的sh2型甜玉米籽粒仅有少量淀粉，种子外边皱缩干秕凹陷，呈不透明状。超甜玉米的优点是甜度显著增加，糖分转化成淀粉的速度比普通型甜玉米慢，所以可采收期和贮存期相对延长，一般可达1周左右。超甜玉米缺少水溶性多糖，其果皮较厚，柔嫩性较差，内容物少，风味及糯性欠佳，因籽粒秕，种子发芽率低，苗期生活力弱。

3. 加强甜型甜玉米

这种类型甜玉米是在普甜sul玉米的遗传背景上，又引入一个加甜修饰基因se培育而成的新型甜玉米。由于修饰的程度不同，又可分为全加甜玉米和半加甜玉米两种。全加甜玉米实质上是一种双隐性的基因类型，其基因型为sulsulsese，乳熟期籽粒的糖分总含量可达30%以上，与sh2超甜玉米相当，但高于sh2型以外的超甜玉米，水溶性多糖含量与sul型普甜玉米相当，另外还含有3%~5%的麦芽糖。因此，这种类型甜玉米兼有普甜玉米和超甜玉米的优点，即含糖量高，风味好，同时收获期长，货架保鲜期长；吐丝后45天籽粒糖分含量仍在15%以上，籽粒含水量可达50%，仍可做鲜食加工；成熟籽粒的淀粉含量略低于普甜玉米，但显著高于超甜玉米，半加强甜型甜玉米植株的基因型为sulsulSese，而籽粒胚乳的基因型对sul基因来说都是纯合的，但对加甜修饰基因来说有4种结合类型，即SeSeSe、SeSese、Sesese和sesese。由于se基因的剂量效应，这种半加强甜玉米乳熟期籽粒含糖量比普通型甜玉米提高50%~

60%，食用风味明显优于普通型甜玉米而接近全加强甜型甜玉米，另外这种甜玉米种子的发芽率和苗期长势与普通型甜玉米相当，显著优于超甜玉米。

（二） 甜玉米的经济价值

甜玉米作为一种新型鲜食农产品，其丰富的营养、独特的风味及多样化的加工产品，深受人们喜爱，对满足人们生活水平的日益提高，发展畜牧业和加工产业，增加出口创汇具有重要的经济意义。

1. 甜玉米营养丰富

甜玉米含糖量高，甜味纯正。在乳熟期收获，蛋白质中的醇溶蛋白的比例少，大大提高了蛋白质的品质。甜玉米籽粒中含有大量的维生素B_1、维生素B_2和维生素C、肌糖、胆碱、烟碱等矿物质营养，使甜玉米既有丰富的营养物质，又易于被消化吸收。常食甜玉米还有利于防止血管硬化，降低血液中胆固醇含量，还可防止肠道疾病和癌症的发生，保健效果好，更是老、弱、病人及幼儿的良好食品。

2. 甜玉米食用鲜嫩

甜玉米鲜果穗生吃如水果，蒸煮果穗鲜亮清香，食之口感纯正甘甜、柔嫩，回味无穷，激发食欲。

3. 甜玉米加工增值高

甜玉米加工产品花样很多，鲜穗脱水速冻可一年四季供应市场，每穗销售价格为1.5～2元；加工成速冻甜玉米粒，可供制作松仁玉米，是餐桌上的美味佳肴，产值翻番；深加工成甜玉米汁、饮料、冰激凌等，产值可翻两番（图5-1）。

蒸汽枯萎　剥皮

清洗　切头

——切头—清洗……

蒸汽枯萎—剥皮—

⋯⋯灭菌

图5-1　甜玉米鲜穗机械加工

4. 小穗可做笋玉米

甜玉米品种具有多穗性的特点，除植株第一果穗采摘做青穗甜玉米外，第二、第三果穗一般很难长成正常果穗，但可在吐丝期采摘做玉米笋用，每亩地能采6 000个左右，可增值400~500元。

5. 茎叶可做优质青饲料

甜玉米茎叶含糖量一般可达10%~12%，比普通玉米茎叶含糖量高1~2倍，碳水化合物含量在30%以上，蛋白质含量2%左右。脂肪含量0.5%~1.0%，茎叶青嫩多汁，柔软香甜，是草食畜牧养殖业的优质饲料（图5-2）。

图5-2　甜玉米秸秆养牛

二、糯玉米

糯玉米起源于中国，是栽培玉米传入我国后发生遗传突变，经人工选择而产生的一种新的玉米类型。已有200多年的种植历史。1908年美国牧师Farnham将中国糯质玉米收集后传入美国。

（一）糯玉米的类型

糯玉米（Zea mays L.ceratina kulesh）是玉米的一个类型，英文名waxy corn。其籽粒不透明，无光泽，外观呈蜡质状，又称蜡质玉米；因籽粒中的胚乳均为支链淀粉，煮熟后黏软，富于黏（糯）性俗称黏玉米。

1. 糯玉米的分类

中国糯玉米地方品种，以其籽粒类型划分，主要为硬粒型，也有少量马齿型，籽粒颜色有白、黄、紫、黑、红等（图5-3）。

图5-3 糯玉米籽粒五颜六色

2. 糯玉米的基因型

糯玉米的糯质特性是一个隐性基因wx控制的遗传性状。wx基因位于玉米第九染色体短臂，它编码一种60KD的蛋白质，能使尿苷二磷酸葡萄糖（UDP克）转移酶活性极度降低，因而不合成直链淀粉，所以纯合wxwx玉米胚乳和带有wx基因的花粉粒都几乎没有直链淀粉合成。当wx基因与其他玉米胚乳基因结合产生相互作用时，可以使胚乳碳水化合物成分发生变化，提高糖分含量，改善食用品质和风味。

(二) 糯玉米的经济价值

糯玉米不但营养丰富，食用价值高，而且加工产生链条长，可用于食品工业、医用工业、纺织工业等原料，加工制成产品达500多种。

1. 糯玉米的营养价值

糯玉米籽粒中含有丰富的营养成分，除70%～75%的淀粉外，还约含10%的蛋白质，4%～5%脂肪、2%的维生素（多种）。其中蛋白质、维生素A、维生素B_1、维生素B_2的含量均高于稻米，脂肪和维生素B_2的含量最高，黄色糯玉米还含有稻麦等缺乏的维生素A。

wx基因的遗传功能，是决定糯玉米胚乳淀粉类型的性质，糯质淀粉分子量比普通玉米小10多倍，食用消化率比普通玉米高20%以上，糯玉米籽粒中的淀粉几乎完全是支链淀粉，而不是像普通玉米（硬粒型或是马齿型），籽粒的淀粉大约由72%的支链淀粉和28%的直链淀粉所构成。试验证明，糯玉米淀粉在淀粉水解酶的作用下消化率可达85%，而普通玉米淀粉的消化率仅为69%，直链淀粉是由葡萄糖单位通过1,4-糖苷键连接成的直链状大分子化合物，聚合的葡萄糖单位约为100～6 000个，一般为300～800个；支链淀粉除了由葡萄糖单位通过1,4-糖苷键连接成直链外，枝杈结构部分是1,6-糖苷键的大分子化合物，聚合的葡萄糖单位1 000～3 000 000个，是天然高分子化合物中最大的一种。直链淀粉遇碘呈蓝色，支链淀粉遇碘呈紫红色，而且吸碘量大大低于直链淀粉，这可作为鉴别非糯玉米与糯玉米的简单测验方法。直链淀粉的凝沉性很强，淀粉溶液很不稳定，在贮存过程中发生凝沉现象时，淀粉溶液逐渐变成浑浊，胶黏性降低，最后出现白色结晶沉淀，因此其酶法制造葡萄糖过程中常出现液化困难等现象。而支链淀粉很容易溶于水生成稳定的溶液，具有很强的黏度，凝沉性很弱，淀粉液贮存中不发生沉淀，这就是其在食品加工业和工业生产中具有特殊的用途。糯玉米与普通玉米相比，籽粒中的水溶性蛋白、盐溶性蛋白比例较高，醇溶蛋白比例较低，赖氨酸含量一般要比普通玉米增加16%～74%（曾孟潜，1987）因而糯玉米籽粒的蛋白质好，大大改善了籽粒的食用品质。鲜食糯玉米籽粒黏软清香，皮薄无渣，内含物多，一般总含糖量为7%～9%，干物质含量达33%～38%，因而具有丰富的营养物质和很好的适口性，而且容易被消化吸收。

2. 糯玉米的食用价值

糯玉米鲜果穗蒸煮后清香，色泽鲜艳，食用柔嫩、粘软。干籽粒煮成粥，粒如珍珠，粘软稠糊，营养丰富。配以红枣、红小豆、桂圆等，可制成珍珠百宝粥，激发食欲，易于消化，调节人们的食物结构。

3. 糯玉米工业用价值

糯玉米制酒可酿成风味独特的优质黄酒；加工淀粉可生产含95%～100%的纯天然支链淀粉，广泛地应用于食品、纺织、造纸、黏合剂、铸造、建筑和石油钻井等工业部门，并已发展成为重要的高分子原料；在食品工业中支链淀粉用于食品的增黏、保型；稳定冷冻食品的内部结构，在天然果汁中可悬浮果肉；在造纸工业中，支链淀粉可为纸张的增强剂，新型产品涂覆纸的涂覆料。在黏合剂中，支链淀粉可代替泡花碱制造瓦楞纸并降低成本提高质量，是贴标壁纸封箱

带等的涂胶。在纺织工业中，支链淀粉是各种纤维的上浆剂。在制药工业中，支链淀粉是打片的赋型剂。在铸造工业中，支链淀粉是铸造沙型的黏结剂。在建筑工业中，支链淀粉是粉刷墙壁涂料的黏着剂。在石油钻井中，支链淀粉用于防止泥浆中水分失掉，携带起地壳中的石屑，使停钻时石屑悬浮而不下沉，保护井壁避免塌陷。

4. 糯玉米饲用价值

用糯玉米籽粒喂猪，日增重及脂肪率显著增加；糯玉米饲养奶牛产奶率增加12%，并使牛奶中的黄油含量显著增加；糯玉米茎叶也是优质的青贮饲料。

第二节　国内外鲜食玉米生产现状

鲜食型甜玉米、糯玉米是以种植收获乳熟期果穗食用或加工的玉米，是开发的高档蔬菜之一。在美国、法国、匈牙利、中国、泰国、日本、韩国等种植比较广泛，美国已形成规模生产，中国近20年来发展比较快。

一、国外鲜食玉米生产状况

（一）甜玉米生产状况

目前全世界甜玉米种植面积已超过3 000万亩，主要分布在北美洲的美国、加拿大、欧洲的法国、匈牙利、意大利，亚洲的中国、泰国和日本等。美国是世界上甜玉米的最大生产、消费、贸易国，种植面积在1 000万亩以上，每年创造的农业产值超过10亿美元，在蔬菜作物中仅次于西红柿的产值。在欧洲，匈牙利和法国是最大的甜玉米生产与贸易大国。在亚洲，中国和泰国是最大的甜玉米生产国，中国和日本是最大的甜玉米消费国。

（二）糯玉米生产状况

目前美国是世界上糯玉米种植面积最大的国家，年播种面积1 200万亩左右，总产量达200多万吨。糯玉米在美国早已成为一个重要的产业，其中有400多种食品是利用糯玉米的支链淀粉增加食品风味，有部分糯玉米及加工产品出口日本、巴西、加拿大等国。国际上亚洲的日本、韩国和欧洲等地有广阔的糯玉米淀粉市场。

二、国内鲜食玉米生产动态

20世纪90年代以来，我国鲜食玉米发展速度比较快，尤其是21世纪步入发展的快车道，近年来年种植面积2 500万亩左右。

（一）甜玉米

我国甜玉米生产起步比较晚，1963年从美国引进甜玉米材料，开始甜玉米育种的研究工作。20世纪80～90年代，我国华东、华南和西南等地区的农业院校和科研单位，选育出了一批甜玉米品种，受品种内在遗传质量和社会消费能力的影响，甜玉米发展速度缓慢，随着我国改革开放的不断深入，港澳商人以订单农业的形式将美国、泰国和中国台湾地区的甜玉米品种引进到"珠三角"地区种植，产品主要返销港澳地区。由于甜玉米生产周期短，复种指数高，而且具有优质可口、风味独特、营养丰富、健康安全、消费方式多样

等特点，深受市场的欢迎和青睐，市场价格高，种植效益好，促进了广东省甜玉米的生产发展和市场消费，并逐渐由珠江三角洲向周边地区及其他省份扩展。广东、浙江、广西、上海等沿海地区作为我国甜玉米主要生产、加工和消费地区，近年来发展速度很快，据不完全统计，目前全国甜玉米种植面积在800万亩左右，其中，广东300多万亩、云南和广西各70多万亩，浙江、江苏、四川、福建等在30万亩左右。

（二）糯玉米

从我国糯玉米的种植区域看，滇、黔、川、桂、沪与杭嘉湖地区，以及东北地区较多；从种植糯玉米的粒色来看，华东、西南地区以白粒、紫粒糯玉米为主，东北、华北、西北等地以早熟型的黄粒糯玉米为主，目前全国种植面积达1 200万亩。

1. 糯玉米的生态分布及特点

我国的糯玉米有比较明显的生态分布区，并且有各自的生态适应特点。

（1）滇、黔、川、桂高地遗传多样性生态区。本地区为热带和温带湿润地区，因地形变化多样，气候比较复杂，气温受海拔高度影响更大，垂直变化明显，除个别高山地区外，4～10月份的平均气温在15℃以上，7月份平均气温28～30℃，适于玉米生长的有效温度日数在250天以上，低海拔地区在300天左右，高海拔地区为150天；年降水量1 000毫米左右，有利于一年种植多季玉米生产。因其特有的立体生态特点，该地区成为糯玉米的起源中心和基因库。具有遗传多样性。该生态区糯玉米主要特性为耐雨雾，果穗不霉烂，苞叶长，包的紧，不透水；耐荫蔽，一天只有3～5小时阳光，也能正常生长不空秆；耐瘠薄，即使很少施肥也能有较稳定的产量；耐寒且耐寒品种多；品质好，该地区的农家糯玉米品种品质软糯香，作为群众生活主粮用。

（2）上海与杭嘉湖平原优质早熟生态区。该地区为亚热带湿润气候，特点为气温高，降水多，霜雪少，生长期长，一般3～10月份平均气温在20℃以上，适于糯玉米生长的有效温度日数在250天以上，降水量充足，年降水量一般在1500毫米左右，多集中在夏季，并在夏秋之交常受台风侵袭，影响玉米生长。该地区糯玉米地方品种特点为早熟，如上海有60天成熟的糯玉米品种；耐湿性强，果穗锥形，不易霉烂，品质优良，产量一般。

（3）北方迟熟高产生态区。黄河流域及东北地区，冬季寒冷干燥，夏季气温偏高，多雨，7月平均温度25～27℃，全年无霜期5～7个月，适于玉米生长的有效温度日数为200天左右，积温4100℃左右，全年降水量400～800毫米，多集中在6、7、8月份。温湿度适于玉米生长，昼夜温差大，有利于光合作用及产量提高。该地区糯玉米地方品种以马齿类型较多，植株高大、产量高，食用品质及支链淀粉含量不如硬粒型糯玉米高。

2. 糯玉米生产与加工

（1）糯玉米生产。我国20世纪80年代以前，糯玉米生产基本上是农户自由种植、自留种子、自加工食用的方式，尤其是西南山区和北方旱作区，使用农家品种，分散种植，规模很小，无商品销售，农民以糯玉米作为生活中丰富食品花样的主要原料。采收鲜穗蒸煮食用来度粮食短缺饥荒，收干籽粒土办法加工成糯玉米粉，制作年糕等。

　　进入20世纪90年代，随着杂交糯玉米品种的育成，改革开放进出口贸易的发展，糯玉米种植面积和生产规模逐年扩大，加工产品逐步增多。据各地调查统计，2003年我国种植糯玉米面积在400万亩左右，2008年种植面积发展到500多万亩，2013年达到1 200万亩。种植面积较多的是西南地区的云南、贵州、四川、重庆，东北地区的吉林、黑龙江，华北地区的北京、天津、山西，华东地区的浙江、上海、山东，华南地区的广东、广西等省区。发展较快的是广东省，全省糯玉米种植面积由1997年的1万亩，发展到2007年的40万亩，2013年超过100万亩；北京市由2003年的不足1万亩，发展到2007年的8万亩。

　　(2) 糯玉米加工。我国糯玉米加工业起步较晚，20世纪90年代只有几十万吨，进入21世纪，每年以10%的速度快速增长，如今已开发了上百个产品。我国糯玉米加工企业主要集中在吉林、北京、天津、山西、山东、上海、浙江、广东、广西、云南等地。加工产品类型以速冻糯玉米鲜穗、煮熟的果穗、速冻糯玉米粒、糯玉米罐头等为主（图5-4）。产品除满足国内市场消费需求外，还向日本、韩国及东南亚地区出口。

图5-4　甜、糯玉米加工产品

三、湖北省鲜食玉米生产情况

湖北省近年来玉米种植面积发展到近1000万亩，其中鲜食甜玉米、糯玉米种植面积2008年发展到20多万亩，占玉米播种面积的3%以上；2013年达50万亩左右，山区、丘陵、平原都在扩大种植，春播、夏播（山区）、秋播都有种植，均衡上市。

（一）发展生产

全省种植甜玉米比较早的是武汉市等地，自20世纪90年代初就开始试种鄂甜玉1号、鄂甜玉2号等普通甜玉米；鄂甜玉1号亩产鲜穗为665～805千克；鄂甜玉2号亩产鲜穗在900千克左右，比"甜玉2号"增产17.8%～18.8%。

20世纪90年代后期以来，随着杂交甜玉米新品种华甜玉1号、华甜玉2号、华甜玉3号、鄂甜玉3号、4号、5号、福甜玉18、福甜玉98、美中玉、金中玉，糯玉米彩甜糯6号等鲜食玉米品种育成与审定，甜玉米和糯玉米种植面积逐渐扩大，武汉市汉南区、东西湖区、黄陂区已形成规模种植；江汉平原、鄂西南山区也开始成片规模生产。

湖北省育成的甜玉米品种金中玉，糯玉米品种彩甜糯6号等品种优势明显，市场反应良好，在全国适宜地区推广面积逐年增长，成为同类品种的主流品种（图5-5）。

图5-5　金中玉、彩甜糯6号果穗

（二）宣传推介

1999 年华中农业大学与武泰闸蔬菜批发大市场合作，建立了甜玉米专业批发销售行，并成立了"湖北省甜玉米协会"，有力地促进了甜玉米的发展。

武汉市汉南区，自2005年以来，每年举办一次"全国甜玉米节"，以节为媒，推动甜玉米生产的发展，促进甜玉米产品的销售，引进甜玉米加工企业，促使全区甜玉米生产快速发展，种植面积已占农作物播种面积的20%以上。

2008 年起，湖北省农业厅每年6月中下旬在湖北省现代农业展示中心举办中国（武汉）鲜食甜（糯）玉米新品种展示观摩会。目前已累计展示国内外鲜食甜（糯）玉米新品种1 000 多个次，组织全国省（市、区）20多个科研院校和种子企业、农民专业合作社，家庭农场等2 000多人次参加现场观摩（图5-6），展示的甜、糯玉米新品种种植管理水平、田间长势长相等，得到了与会代表们的高度赞誉。

图5-6　中国（武汉）鲜食玉米新品种展示观摩会

（三）拓展加工

鲜食玉米上市比较集中，鲜货保鲜时间短，没有加工业的支撑，就会出现收获旺季产品积压，品质变劣，市场滞销，农民减收。自2005年以来，我省先后有8家大中型鲜果蔬菜加工企业在武汉市汉南区、东西湖区、黄陂区、天门市、黄梅县、宜昌市夷陵区、长阳县及罗田县、恩施市等地投资建厂，以加工速冻鲜穗、真空包装熟食果穗、玉米粒、玉米浆等产品为主。

目前，全省有40多个县（市、区）发展鲜食玉米生产，以武汉市为中心，逐步向沿江平原、丘陵、山区扩展，天门市建立了现代化甜玉米生产加工基地，鄂西南地区的长阳县、夷陵区、恩施市、利川等，通过发展甜玉米生产，带动了加工企业的发展，夷陵区稻花香集团建成甜玉米浆、玉米糊生产线，恩施市加工生产甜玉米爽，长阳县利用蔬菜速冻加工设施，将鲜食玉米果穗速冻销往全国各地。山区发展鲜食玉米不仅商品质量优，而且可以解决7～9月份市场淡季缺货供应问题，同时又能连片规模生产，扶持农民增加经济收入。

第三节　鲜食玉米产品质量标准

国家农业部于2002年发布了甜玉米、糯玉米农业行业标准，品种选育单位和产品生产单位都按此标准进行操作与管理。

一、甜玉米标准

中华人民共和国农业部发布NY/T523-2002。

（一）范围

本标准规定了甜玉米的术语和定义、要求、检验方法和标志、标签、包装、贮运等。

本标准适用于生产、加工、销售等过程中对甜玉米质量的检验、评价和鉴定。

（二）规范性引用文件

下列文件中的条款通过本标准的引用而成为本标准的条款。凡是注日期的引用文件，其随后所有的修改单（不包括勘误的内容）或修订版均不适用于本标准，然而，鼓励根据本标准达成协议的各方研究是否可使用这些文件的最新版本。凡是不注日期的引用文件，其最新版本适用于本标准。

GB/T5513—1985粮食、油料检验还原糖和非还原糖测定法。

GB/T6194—1986水果、蔬菜可溶性糖测定法。

GB/T15682—1995稻米蒸煮试验品质评定。

（三）术语和定义

下列术语和定义适用于本标准。

1. 甜玉米

是玉米的一种特殊类型，其籽粒在最佳采收期（一般授粉后21天～25天）可溶性糖含量≥8%。

2. 可溶性糖

包括还原糖（葡萄糖、果糖、麦芽糖等）和非还原糖（蔗糖等）。

（四）要求

（1）甜玉米品质评分及等级指标（表5-1）。

表5-1 甜玉米外观品质评分指标

外观品质	具有本品种应有特性，穗粒型一致，籽粒饱满，排列整齐紧密，具有乳熟时应有的色泽，籽粒柔嫩、皮薄，无秃尖、无虫咬、无霉变、无损伤，苞叶包被完整，新鲜嫩绿	具有本品种应有特性，穗粒型基本一致，有个别籽粒不饱满，籽粒排列整齐，色泽稍差，籽粒柔嫩性较差，皮较薄，秃尖小于1厘米，无虫咬、无霉变，损伤粒少于5粒，苞叶包被完整，新鲜嫩绿	具有本品种应有特性，穗粒型稍有差异，饱满度稍差，籽粒排列基本整齐，有少量籽粒色泽与本品种不同，籽粒柔嫩性较差，皮较厚，秃尖不大于2厘米，无虫咬、无霉变，损伤粒少于10粒，苞叶包被基本完整
评分	27～30分	22～26分	18～21分

(2) 甜玉米蒸煮品质评分（表5-2）。

表5-2 甜玉米蒸煮品质评分

气味	色泽	甜度	皮的薄厚	柔嫩	风味	蒸煮品质总分
4～7	4～7	10～18	10～18	7～10	7～10	42～70

(3) 卫生检验。按国家有关标准和规定执行。

(五) 试验方法

1.可溶性糖测定

按GB/T5513或GB/T6194执行。

2.蒸煮品质试验操作方法

(1) 试样制备。随机抽取试样10～20穗，从每穗正中段切取10厘米作为品评样品。

(2) 蒸煮。将品评样品放于蒸屉上并盖上锅盖。蒸锅中

水加热至沸腾后开始计时，蒸煮20~25分钟，停止加热。

（3）品评。将制成的试样放在瓷盘上（每人一盘），趁热鉴定试样的气味，观察籽粒色泽，品尝其甜味、皮的薄厚、风味、柔嫩性，并评分。

（六）标志、标签、包装、运输和贮存

标志、标签、包装、运输、贮存按国家有关标准和规定执行。

二、糯玉米标准

中华人民共和国农业部发布NY/T524-2002。

（一）范围

本标准规定了干籽粒糯玉米及鲜糯玉米的术语和定义、要求、检验方法和标志、标签、包装、贮运等。

本标准适用于生产、加工、销售等过程中对干籽粒糯玉米和鲜糯玉米质量的检验、评价和鉴定。

（二）规范性引用文件

下列文件中的条款通过本标准的引用而成为本标准的条款。凡是注日期的引用文件，其随后所有的修改单（不包括勘误的内容）或修订版均不适用于本标准，然而，鼓励根据本标准达成协议的各方研究是否可使用这些文件的最新版本。凡是不注日期的引用文件，其最新版本适用于本标准。

GB1353—1999玉米。

GB/T5495—1985粮食、油料检验杂质、不完善粒检验法。

GB/T5497—1985粮食、油料检验水分测定法。

GB/T5514—1985粮食、油料检验淀粉测定法。

GB/T15682—1995稻米蒸煮淀粉测定法。

NY/T11—1985谷物籽粒粗淀粉测定法（原GB5006–1985）。

NY/T55—1987水稻、玉米、谷子籽粒直链淀粉测定法（原GB7648–1987）。

（三）术语和定义

下列术语和定义适用于本标准。

1. 糯玉米

又称蜡质玉米，是玉米的一种类型。其干基籽粒粗淀粉中直链淀粉含量小于等于5%。

2. 干籽粒糯玉米

完全成熟的糯玉米。

3. 鲜食糯玉米

最佳采收期（一般为授粉后22～27天）的鲜食糯玉米。

4. 粗淀粉含量

按玉米籽粒酸水解菠旋光度计算而得的淀粉百分率。

5. 直链淀粉含量

样品粗淀粉中直链淀粉含量的百分率。

6. 杂质、不完善粒

见GB1353—1999中3.2、3.3。NY/T524—2002。

（四）要求

1. 干籽粒糯玉米质量指标

干籽粒糯玉米以直链淀粉指标定等，等级指标及其他质量指标（表5–3）。

表5-3 干籽粒糯玉米质量指标

等级	直链淀粉(占粗淀粉含量)	杂质	水分	不完善颗粒	
				总量	其中:生霉粒
1	0				
2	≤3.0	≤1.0	≤14.0	≤5.0	0
3	≤5.0				

2. 鲜食糯玉米穗品质评分及等级指标

(1) 鲜食糯玉米穗外观品质评分表（表5-4）。

表5-4 鲜糯玉米穗外观品质评分指标

外观品质	具有本品种应有特性，穗粒型一致，籽粒饱满，排列整齐紧密，具有乳熟时应有的色泽，籽粒柔嫩、皮薄、基本无秃尖、无虫咬、无霉变、无损伤，苞叶包被完整，新鲜嫩绿	具有本品种应有特性，穗粒型基本一致，有个别籽粒不饱满，籽粒排列整齐，色泽稍差，籽粒柔嫩性较差，皮较薄，秃尖小于1厘米，无虫咬、无霉变，损伤粒少于5粒，苞叶包被完整，新鲜嫩绿	具有本品种应有特性，穗粒型稍有差异，饱满度稍差，籽粒排列基本整齐，有少量籽粒色泽与本品种不同，籽粒柔嫩性较差，皮较厚，秃尖不大于2厘米，无虫咬、无霉变，损伤粒少于10粒，苞叶包被基本完整
评分	27~30分	22~26分	18~21分

(2) 鲜食糯玉米穗蒸煮品质评分（表5-5）。

表5-5 鲜食糯玉米穗蒸煮品质评分

气味	色泽	糯性	皮的薄厚	柔嫩性	风味	蒸煮品质总分
4~7	4~7	10~18	10~18	7~10	7~10	42~70

（3）鲜食糯玉米品质评分为外观与蒸煮品质评分之和，定等指标（表5-6）。

表5-6 鲜食糯玉米穗品质定等指标等级

鲜糯玉米品质等级	指标（分）
1	≥90
2	≥75
3	≥60

3. 卫生检验和植物检疫

按国家有关标准和规定执行。

（五）试验方法

（1）杂质、不完善粒检验按GB/T5494执行。

（2）水分测定按GB/T5497执行。

（3）粗淀粉测定按NY/T11或GB/T5514执行。

（4）直链淀粉测定按NY/T55执行。

（5）蒸煮品质试验操作方法。

第一，试样制备。随机抽取试样10～20穗，从每穗正中段切取10厘米作为品评样品。

第二，蒸煮。将品评样品放于蒸屉上并盖上锅盖。蒸锅中水加热至沸腾后开始计时，蒸煮20～25分钟，停止加热。

第三，品评。将制成的试样放在瓷盘上（每人一盘），趁热鉴定试样的气味，观察籽粒色泽，品尝其糯性、皮的薄厚、风味、柔嫩性，并评分。

（六）标志、标签、包装、运输和贮存

标志、标签、包装、运输、贮存按国家有关标准和规定执行。

第四节　鲜食玉米栽培技术

鲜食玉米栽培技术，是从玉米播种开始，到采收鲜穗为止，包括大田整地、施肥、播种育苗、移栽、浇水与排渍、防治病、虫、草害等一整套田间操作技术。种植鲜食玉米，既要考虑分期播种，培育壮苗夺高产，实现鲜穗均衡采收上市保效益，又要高度重视品质，包括果穗外观商品质量和籽粒食用口感与营养品质，在种植栽培上应做好九个方面的规范操作技术：

一、因地制宜，选用品种

自20世纪80年代后期以来，我国鲜食玉米育种科研单位蓬勃兴起，育成了一批不同类型的鲜食甜玉米和糯玉米新品种，相继有800多个品种通过了国家和省级审（认）定，供生产上应用的品种十分丰富。由于鲜食玉米生产季节、茬口、气候、土壤、栽培等条件差异较大，因此在选用品种时应考虑几个关键因素：

（一）看品种的适应性

我国地域辽阔，南北地域条件差异很大，如果北方品种引到南方种植，生产中常会出现生育期变短，耐湿性差，易发生病害；反之把南方品种引到北方种植，常出现生育期延长，植株生长繁茂，虫害发生率提高。一般从同纬度同生态区域的地方引种，比较适宜。就湖北省而言，从长江流域的上海，江苏、安徽、江西、重庆、四川等省市引种比较容易成功，其中沿江地区可从长江中下游的东部地区江苏、上海、浙江等省市引种，西部地区可从四川、重庆等省市引种。引种时必须遵守《中华人民共和国种子法》，未经审定的品种引种试种面积控制在3 000平方米以内。

（二）看品种的丰产性

从近几年湖北省引种的300多个甜、糯玉米新品种展示情况看，品种之间的丰产性差异很大，少部分品种亩产鲜穗可达1 000千克，多数品种鲜穗亩产600～700千克，极少数品种鲜穗亩产只有500千克。

（三）看品种的商品性

甜、糯玉米的商品性包括两个方面，一是鲜穗外观品质，优良品种的果穗大小均匀较为一致，苞叶长短适中，不露穗尖、籽粒排列整齐，结实饱满，易带动消费者的购买欲望。二是果穗蒸煮品质，品质优的品种果穗气味清香，籽粒色泽鲜艳，甜度、糯度较高，风味纯正，皮薄肉嫩，能激起食用者的食欲。按行业制定的甜糯玉米鲜穗感观等级及蒸煮品质评分标准，感官等级包括穗粒形态一致性、籽粒饱满度、籽粒排列整齐度、籽粒色泽、苞叶苞被长短、秃尖长短、虫伤穗率、损伤率、霉变率等9项指标共计30分；蒸煮品质有果穗籽粒气味、色泽、甜（糯）度、风味、柔嫩性、皮厚薄等6项指标共70分。测评鲜穗感观及蒸煮品质合计总分75分以下为三级品，76～89分为二级品，90分以上为一级品。通过审定的甜玉米和糯玉米品种，鲜穗评分都在85分以上。

（四）看品种的抗逆性

鲜食玉米生产区，多数地方都采取抢季节种植，湖北省

的沿江平原地区一般春季提早到2月播种，夏季在7月上旬至8月上旬高温期播种，春季寒潮低温天气频繁，夏季正值伏天高温干旱期。要求品种耐低温冷害和高温热害性能强，种子发芽率高，幼苗生长势强，根系发达，叶片持绿期长，授粉结实性好，抗穗粒腐病和穗部虫害，以及倒伏能力强。

（五）看市场的需求性

以就近生产供应市场鲜穗销售为主的生产区域，应根据消费者的爱好选用良种。如湖北宜选用华甜玉3号、鄂甜玉3号、福甜玉98等籽粒黄白相间的品种，这类甜玉米开发应用比较早，市场销售时间长，深受城镇居民喜爱；以用作远距离运输销售或加工速冻甜玉米果穗、甜玉米粒、甜玉米浆为主的生产区域，宜选用金中玉、福甜玉18、鄂甜玉4号、金凤5号、华珍等纯黄粒色的品种，加工出来的产品，颜色纯正，口感鲜甜，深受消费者的青睐。

二、连片隔离，规模种植

从提高鲜食玉米商品质量和规模经济效益出发，无论种植那一类型的甜玉米、糯玉米品种，都必须连片隔离种植，隔离方法主要是时差隔离和空间隔离。

（一）错期播种，时差隔离

平原丘陵地区，地势平坦，风吹花粉飘移范围很大，最好是一村或一乡种植一个品种，确有难度，需要种植多个品种的地方，可采取错期播种，用时差隔离的方法，使品种之间抽雄散粉时间相差30天以上，预防串粉。

（二）利用屏障，空间隔离

山区可利用山峰、树林等，进行空间隔离。不同品种种植区域之间空间隔离400米以上，在此周围，不能种植与甜玉米、糯玉米同期开花的其他类型的甜玉米、糯玉米或普通玉米。

三、测土配方，合理施肥

肥料是农作物生长发育的能源物质，"庄稼一枝花，全靠肥当家"。要把握好施肥方法、种类、数量等重要环节。

（一）需肥数量

甜、糯玉米对肥料需求与普通玉米有区别，需氮肥水平较低，对磷肥和钾肥要求较高。据肥料试验，获得每亩900～1 000千克鲜穗产量，土壤肥力水平为全氮0.074%，速效磷23毫克/千克、速效钾62.4毫克/千克时，每亩需施氮6.63千克，五氧化二磷5.34千克，氧化钾6.83千克。密度较高时施氮量取下限，施磷、钾量取上限，密度较低时，施氮量取上限，施磷、钾量取下限。

种植甜、糯玉米，必须施足钾肥，钾可提高甜玉米的营养品质和茎秆的糖分含量，并使籽粒的蛋白质、赖氨酸、脂肪和总糖量显著提高。据史振声、张喜华（1994）试验结果表明，在一般土壤肥力范围内，每亩施7.5千克氯化钾是提高甜玉米营养品质的最佳用量，适宜范围是5～10千克，过多或过少均不利于提高甜玉米的营养品质。

在计算甜玉米需肥量时，还要考虑肥料的利用率。

（二）配方施肥

各地应根据土肥站的土壤养分测定结果，进行配方施肥。

一般pH值6.5～7.0的中性土壤、中等肥力水平，每亩甜玉米鲜穗产量1 000千克，需施农家肥3 000千克，或生物有机肥800～1 000千克，纯氮16～18千克、五氧化二磷6～7千克、氧化钾12～13千克、硫酸锌肥1千克。在施肥方法上，底肥均匀撒施，追肥打洞暗施，把有机肥、磷、钾、锌肥和30%的氮肥作基肥，20%的氮肥作苗肥，50%的氮肥作穗肥，地膜覆盖栽培可将底施氮肥用量增加到60%，追施苗肥和穗肥的比例调整为15%与25%。

四、种子处理，播种育苗

甜玉米特别是超甜玉米种子，由于遗传机制决定了其种子干秕，淀粉含量少，不能很好满足种子萌发及幼苗3叶期以前自身生长所需营养。所以大田直播种植甜玉米出苗与成苗率不高，即使出了苗，幼苗也比较瘦弱，很难达到苗全、苗齐、苗壮的标准。因此种植甜玉米要像种植蔬菜一样，精细播种、加强管理，培育壮苗，切实按规范程序操作。

（一）种子处理

播种前晒种2个太阳日，以提高种子活力；种子要精选分级，去掉虫粒、破粒、霉粒，选用发育健全、发芽率高的种子，按大小籽粒分级进行浸种催芽，可用0.2%～0.3%的磷酸二氢钾溶液浸种7～10小时，使种子吸足水分，取出沥干水分，保湿控温催芽，浸种一般温度控制在28℃～32℃，待种子胚根均匀露白（0.5～1厘米）时即可播种。

（二）播种育苗

甜玉米种子由于生产困难，制种产量低，种子成本比较高，加上种子秕，发芽出苗率低，苗势弱，为了节约用种，降低大田生产成本，应推行育苗移栽技术，培育壮苗，提早生育季节，争取早上市。

1. 整好苗床

选择距移栽大田较近，地势较高，排水良好，背风向阳的地块作苗床，床宽150厘米，床土深15~20厘米，每亩施腐熟有机肥3000~4000千克，用拖拉机旋耕整碎，使肥土均匀。

2. 制营养钵

用制钵器做营养钵，做钵前可先将营养土浇足水分，用地膜覆盖1天，使土壤湿透，土粒充分吸水，做钵时在土壤表面撒一层草木灰或锯木，营养钵整齐摆放，每排25个左右为宜；最佳的育苗方式是采取塑料软盘育苗，使用草炭＋珍珠岩，按3：1的比例混拌均匀，浇足水分后装入塑盘内，也可将营养土整细、过筛，直接装入钵内。

3. 精细播种

大小种子分级，每钵播1粒，放在营养钵中间，使用喷壶浇足水分，然后撒施杀虫剂，预防地下害虫，营养钵上盖1厘米厚的过筛细土。

4. 覆盖薄膜

春播育苗时，苗床要盖地膜和小弓棚农膜保温，夏播育苗只覆盖地膜保墒，出苗前不揭膜，使膜内温度保持在20~30℃，床土湿润，出苗后视气温及时揭去地膜，当床温超过30℃时，可揭开弓棚农膜两头通风散热，床土先喷浇适量水分，白天掀开弓棚农膜，降温炼苗，二叶一心至三叶一心乳苗移栽，有利于移栽后次生根系生长，缩短缓苗时间。同一个区

域，要恰当安排好分期播种时间，提前做好均衡上市，满足市场供应工作，预防集中采收上市，出现短时积压的问题。

五、规范种植，合理密植

甜、糯玉米苗期生长势弱，需要良好的土壤环境条件，宜采取窄厢垄作，合理安排好田间种植密度，使植株均匀分布，充分发挥群体与个体的优势，既有利于增加单位面积鲜穗产量，又能提高单株商品穗质量。

（一）精细整地

前茬作物收获后，深耕炕地，旋耕碎土，按120厘米宽开沟整厢，使厢面宽80厘米，略呈龟背形，田内厢沟、腰沟和围沟相通，沟直底平，确保大雨后田间无积水。

（二）定距播种

推行宽窄行、牵绳带尺定距播种，每厢播种2行，厢内行距40厘米，株距依据品种特征特性而定，平展型品种株距31厘米，每亩种植3 500株左右，半紧凑型品种株距27～30厘米，每亩种植3 800～4 000株。

（三）叶片定向

育苗移栽时将幼苗叶片伸展方向与行向垂直，这样既有利于增加田间通风透光率，使株间均衡受光，又可以减免植株间叶片对鲜穗花丝的遮挡，提高雌穗授粉结实率。

（四）细土盖种

不论是大田直播种子，或是营养钵育苗、塑料软盘育苗，都要用细土盖种，尤其是钵、盘育苗的玉米幼苗根系都盘踞在营养钵土中，移栽时必须用细土把营养钵盖严实，使钵与大田土壤密切结合，利于根系生长，吸收水分与养分，栽后浇足定根水提高成活率。

（五）防虫除草

地膜覆盖提高了耕层土壤温度，既有利于玉米幼苗生长，但也为地下害虫提供了温床，因此，必须作好防治工作，每亩用甲拌锌400克拌10千克细土均匀撒在厢面上，预防地下害虫。同时覆膜后有利于杂草生长，加之不便于人工除草，很容易造成膜内杂草旺盛生长，从地膜破孔处伸出，有的恶性杂草甚至将地膜顶起。杂草会影响地膜增温与保墒效果，大量消耗土壤水分和养分，对玉米苗生长影响很大。防除杂草的有效措施是使用化学除草剂，每亩可用72%异丙甲草胺乳油135毫升、兑水40千克均匀喷于地面，防除杂草危害。

（六）覆盖塑膜

2月中旬至3月大田直播种子或育苗移栽的甜、糯玉米，都应采取地膜加弓棚农膜覆盖，增温保暖防寒潮冻害。先在厢面上覆盖幅宽80厘米地膜，膜要拉紧铺平，四边埋入土中，上面用竹弓扎拱，弓间距50～60厘米，覆盖农膜，将背阳面膜边埋入土中，向阳面膜边用土压住，既要防止大风吹开农膜，又要便于晴天掀膜炼苗。3月下旬至4月上旬大田播种或育苗移栽的玉米苗，可单覆盖地膜；气温稳定通过12℃时可露地播种、移栽。

六、加强管理，培育壮苗

甜糯玉米生产要夺得增产增效，种植是基础，管理是关键。常言道："农作物夺高产，三分靠种，七分在管"。田

间管理上着重抓好破膜放苗、查苗补缺、早去分蘖、看苗追肥、培土壅蔸、防治害虫等田间管理技术，培育早发壮苗为增产增收打基础。

（一）破膜放苗

春季直播地膜覆盖种植甜、糯玉米，一般在播种后10～12天，幼苗开始出土，等生长到3～4片叶时，选在冷尾暖头晴天下午进行破膜放苗，切忌在大风或寒潮降温时放苗。因为地膜内温度、水分等条件比较好，幼苗生长很嫩，在晴天下午破膜放苗受外界温度和水分蒸发的影响小，使幼苗逐步得到锻炼，有利于培育壮苗。若是在大风或寒潮降温天放苗，幼苗经受不住外界恶劣气候变化的影响，容易萎蔫或死亡。在晴天上午也不宜放苗，因为上午放苗，幼苗刚接触外界环境，就遇中午高温暴晒，使幼苗体内水分迅速蒸发，也容易造成幼苗萎蔫或死亡。

破膜放苗方法可采用竹签或铁丝，对准幼苗把膜破个小口，放苗出膜，随即用细湿土沿幼苗茎基封严破孔。若是破口封压不严，白天地膜吸热增温时，从破口处向外散热，并伴随水分散失；夜间降温时，冷空气又从破口处进入膜内，如此的大幅度昼夜温度变化，很容易伤害幼苗。细土封口可以阻止空气流通，抑制杂草生长（图5-7）。

图5-7　人工破膜放苗

（二）查苗补缺

由于鼠、雀、地下害虫危害，或放苗不及时出现烫伤等原因，都会造成缺苗。出现缺苗及时取大壮苗补栽，栽苗时先用制钵器打洞，然后把苗钵放入洞内，用细土盖严钵体及洞口，并浇足定根水，成活后偏施一次稀水粪，促其平衡生长。

（三）早去分蘖

甜、糯玉米苗期有发生分蘖的生长习性，一般是7～8片叶时，从基部1～3片叶腋中长出分蘖，分蘖大量消耗养分，影响主茎生长，自身又不能成穗，应及早去掉。去蘖要掌握正确的方法，根据分蘖紧贴主茎，呈扁形生长的特点，用手向叶鞘两边掰比较容易去掉，向上拔不但难以去掉分蘖，而且会把主茎一起拔掉或松动主茎根系。去蘖最好在晴天进行，有利于伤口较快愈合，减少病害侵染的机会。

（四）打孔追肥

露地种植甜、糯玉米，可分两次追肥，即在5～6片叶期追苗肥，叶龄指数达55或大喇叭口期时追施穗肥，分别占总施肥量的20%和30%，每亩苗肥施尿素8～10千克，穗肥施尿素15千克、硫酸钾5千克；地膜覆盖栽培，底肥用量较多，可以重施一次穗肥。具体追肥时间和用量，要做到看苗情长势，茎叶色泽而定，对茎叶嫩、叶色绿的适当减少肥量，推迟用肥时间；对叶色淡绿，茎秆偏细的可提早追施，增加肥量。

追肥方法推广打孔深施，减少肥料挥发与淋失，提高肥料利用率。用施肥器追肥；也可以用制钵器打孔，或就地取材，选用直径3～4厘米的木棍，将上端做一个手握横柄，下端削成圆锥形，在玉米行株间隔2株打1个孔，将肥料施入孔

内，并用土封严洞口及膜口。

（五）培土壅蔸

地膜覆盖栽培，玉米茎叶生长旺盛，次生根和气生根系入土浅，应特别注意做好防倒伏的田间管理，在选用中矮秆品种、顺风向设置种植行向的基础上，于大喇叭口期进行培土壅蔸，有利于气生根系生长入土，培土高度8～10厘米；授粉结实期，根据植株长势情况，再培一次土，增加气生根层数，提高植株抗倒能力。对生产过程中，遭受难以控制的大风暴雨袭击，造成植株倒伏的田块，应及时采取措施，进行人工扶苗，用脚踩实根部土壤，并加高培土5～6厘米。

（六）辅助授粉

人工辅助授粉是提高甜、糯玉米玉米结实率、减少秃尖长度、增加产量的有效措施。尤其是偏迟抽出或吐丝较晚的雌穗，常因得不到充足的花粉而形成严重秃尖，甚至不结实。授粉方法有两种，一是在绝大多数植株抽雄吐丝时，用竹竿顺玉米行推动植株，使花粉散落，可进行1～2次，提高群体植株授粉率；二是人工采集花粉，装入授粉器内，对少数吐丝迟的雌穗，进行人工单株授粉。

七、防治病虫，控制为害

甜、糯玉米从播种到收获，都可遭受虫、鼠、雀、病等危害，生产上要搞好预测预报，采取综合防治技术措施，以农业防治为基础，推广先进的生物、物理防治技术，辅助高效低毒低残留农药防治。做到早防治，控制危害。切忌在收获前20天内喷施农药，确保产品食用安全。

（一）防治害虫

危害甜、糯玉米的害虫比较多，苗期以地老虎为主，穗期主要是蚜虫、螟虫类。

（二）防治病害

甜、糯玉米生产过程中发生较多的病害有纹枯病、粗缩病、茎腐病、南方锈病、大斑病、小斑病、细菌性穗腐病等。

八、适期采收，分级销售

甜、糯玉米鲜穗采收期比较严格，采收过早籽粒太嫩，水分及水溶性糖含量较多，内容物少，色泽浅淡，总糖含量低，口感风味差，鲜穗率不高；采收过迟，籽粒变老，皮厚，水分及水溶性糖含量低，淀粉含量过多，皮色深而变硬，甜度下降，口感粗糙。只有适期采收，才具备籽粒外观色泽鲜亮，蒸煮食用口感甜、香、脆、嫩，营养丰富，加工品质优良的特点。

（一）采收标准

根据国内外农学家们的研究结果，甜玉米适期采收的标准，是按籽粒含水量为依据，一般籽粒含水量在70%左右为宜，品种之间有差异。

（二）采收时间

超甜玉米在雌穗授粉后20天采收，普甜类型的品种提早2～3天，加强甜类型的品种，可在授粉后18～23天采收；掌握春播夏收时的温度逐渐升高，灌浆成熟期较短，夏播秋收时的气温逐渐降低，灌浆成熟期较长。糯玉米的适宜采收期在授粉后21～26天，注意做好观察记载。一般感观上掌握在

雌穗花丝干枯，果穗苞叶颜色转为淡绿，籽粒饱满时采收。

（三）分级销售

按果穗成熟度分期采收，采收后将外观大小一致，授粉结实优良的一级果穗与授粉不良、秃尖长，有虫害的果穗分级包装销售，有加工条件的地方，可将二、三级果穗，用于加工速冻玉米粒或玉米浆等产品。

九、秸秆利用，提高效益

（一）青贮喂牛

甜、糯玉米的秸秆可作为优质的青饲料，用于养奶牛。据测定，甜玉米在采收期的茎叶粗蛋白含量为15.63%，比普通玉米茎叶高38%，也比甘蔗高。而且茎秆中还含有丰富的微量元素铜、铁、锌、锰、钙和维生素E，适量的粗纤维，具有很高的饲用价值。为提高秸秆的养分含量，甜玉米果穗采收后，可让植株在田间继续生长5～7天，使茎叶的含糖量增加5%以上，收获时从茎秆基部用镰刀割断，15～20株绑成一捆，送入奶牛场，每亩秸秆直接销售收入可增加400～500元。

（二）粉碎作肥

无奶牛场或距离奶牛场较远的地区，可将秸秆粉碎还田（图5-8），增加土壤有机质，改良土壤，培肥地力，减少化肥用量。

图5-8　秸秆粉碎还田

第六章 玉米田间病虫害诊断与防治

玉米在生产过程中常受到多种生物和微生物因素的影响，其中病虫害的发生与流行是直接影响玉米产量的重要因素之一，在我国每年因各类生物灾害影响损失玉米产量1 000万吨左右。据资料记载，世界上危害玉米的病害有1 600余种，虫害有400余种。在我国玉米生产中发生的病害有30多种，虫害有250多种，其中发生频率高、危害严重的病虫害有20多种，其他病虫害则属于偶发或虽经常发生但危害较轻。近年来，随着气候的变化、农业耕作制度的改变、品种的更新换代，玉米生产中的病虫害也发生了明显的改变。

本章着重介绍湖北省玉米常发病害和虫害的种类、发生特点、危害症状诊断、防治技术措施。

第一节 玉米病害

玉米田间常发病害主要有大斑病、小斑病、弯孢叶斑病、圆斑病、褐斑病、南方锈病、顶腐病、丝黑穗病、瘤黑粉病、穗腐病、疯顶病、纹枯病、茎腐病、鞘腐病、矮花叶病、粗缩病、果穗畸形、顶叶扭曲、雄穗结实等，依据危害玉米植株部位，分为叶部病害、茎部病害、穗部病害和生理病害。

一、叶部病害

（一）大斑病

1. 发生特点

玉米大斑病属于气流传播病害。大斑病分布广泛，主要发生在气候较爽的玉米种植区。主要发生在玉米生长后期，抽雄授粉后，大量光合产物从叶片和茎秆向果穗籽粒中运送，致使叶片抗病性下降。病菌首先侵染下部较老的叶片，然后迅速向上部叶片扩展，在叶片之中产生大量病斑，影响植株光合作用，造成籽粒灌浆不足，粒重降低而导致产量损失。

2. 病害症状

大斑病侵染玉米叶片、苞叶和叶鞘，当叶片上形成大量病斑时，多个病斑相互汇合连片，常导致整个叶片枯死。病斑沿叶脉迅速扩展并不受叶脉控制，很快形成长梭形，中央灰褐色边缘没有典型变色区域的大型病斑，一般大小为50～100毫米×5～10毫米，有的病斑长度可达200毫米。田间湿度大时，在病斑表面产生灰黑色霉状物（图6-1）。

图6-1　玉米叶片感染大斑病病状

3. 防治措施

推广农业综合防治措施，选用抗病品种；处理病斑植株，控制菌源；增施磷钾肥，提高植株抗病能力；适时喷药防治，可用25%苯醚甲环唑乳油8 000～10 000倍液，25%丙环唑乳油1 500倍液，50%多菌灵可湿性粉剂500倍液等药剂，在大斑病发生初期喷雾防治2～3次，每次间隔7～10天。

（二）灰斑病

1. 发生特点

玉米灰斑病属于气流传播危害，近年来发生广泛，从西南地区向长江流域及以北地区流行蔓延。每年扩展速度约150～200千米，危害性已超过大斑病。灰斑病发生在玉米生长后期，由植株下部叶片逐渐向上部叶片扩展，常导致叶片因产生大量病斑而枯死，造成减产可达10%以上。同时，叶鞘被侵染的植株常常引发茎腐病，致使植株易发生倒伏，可减产60%以上。

2. 病害症状

病害主要危害叶片，也侵染叶鞘和苞叶。发病初期，在叶片上出现浅褐色水浸状病斑，逐渐变为灰色、灰褐色或黄褐色，有的病斑边缘为褐色。病斑沿叶脉方向扩展并受到叶脉限制，两端较平，呈长方形，大小为3～15毫米×1～2毫米，田间湿度高时，在病斑两面产生灰色霉层，即病菌的分生孢子梗和分生孢子。在感病品种上，病斑密集，常连成片而造成叶片枯死（图6-2）。

图6-2　玉米叶片感染灰斑病症状

3. 防治措施

选用抗灰斑病品种；秋收后及时清除田间玉米植株病残体或粉碎深翻埋入土中，减少越冬菌源；及时清沟排渍，降低田间湿度，提高植株抗病能力；在大喇叭口期，选用控制灰斑病的有效内吸杀菌剂，25%苯醚甲环唑乳油8 000～10 000倍液，25%丙环唑乳油1 500倍液，25%嘧菌酯悬浮剂1 000～1 500倍液喷雾，防治2～3次，每次间隔7～10天。

（三）南方锈病

1. 发病特点

玉米南方锈病为气流传播病害，近年来在我国发展很快。主要为害夏、秋玉米，一般发生在8月下旬至9月份气候开始转凉以后。2014年在湖北平原丘陵地区夏、秋玉米植株上发病蔓延很快，叶片被病菌橘黄色的夏孢子堆和夏孢子所覆盖，导致叶片很快干枯死亡，影响籽粒灌浆结实，严重发病时可造成生产损失20%～40%。

2. 病害症状

南方锈病可以发生在玉米植株的所有地上部组织，主要为害叶片，也侵染茎秆、苞叶和雄穗组织，病菌侵染后，先在寄主组织上呈现淡黄色的小点，很快小点略隆起并突破表皮组织而露出圆形，直径1～1.5毫米的夏孢子堆（图6-3）。在感病品种上，由于叶片上产

图6-3 南方锈病为害状

生大量孢子堆，严重消耗叶片营养，绿色组织被破坏，导致叶片发生干枯，失去光合制造养分的能力，植株早衰，籽粒灌浆不足，产量降低。

3. 防治措施

南方锈病发生在玉米灌浆阶段，很难通过施用杀菌剂进行防治，有效的措施就是选用抗锈病品种，春播可选用蠡玉16 等品种；合理施用氮肥，增施磷、钾肥，提高植株抗病性；发病初期，喷施20%三唑酮乳油1 000～1 500倍溶液，可以控制病害扩展。

（四）粗缩病

1. 发生特点

玉米粗缩病为媒介昆虫飞虱传播的危害。近年来由于传毒昆虫数量的剧增，粗缩病在全国局部地区发生非常严重，田间植株发病率一般为10%～20%，已成为玉米生产的主要病害，重病田不但发病早，发病率也高达50%以上。粗缩病发生后多数感病植株不结穗，对生产威胁很大。主要传毒介体灰飞虱通过刺吸带毒的小麦及其他禾本科杂草，获毒后迁飞至玉米植株上取食，从而传播病害。

2. 病害症状

粗缩病在玉米整个生育期都可以侵染发病，苗期成病性最强。由稻黑条矮缩病毒引起的病害症状一般在5～6叶期开始出现，在心叶主脉两侧的细脉上出现透明的虚线状褪绿条纹，随植株长至10～13叶期，全株症状显现；幼苗期被侵染的植株表现僵直，不拔节、叶片密集重叠，形成小老苗；随病害发展，在叶背叶脉上可见清晰的长短不一的蜡泪状线条突起，称为脉突；病株叶色浓绿，叶片宽厚，节间变粗，短缩而造成植株显著矮化（图6-4）。重病株不抽雄或雄穗无花粉，果穗畸形不结实或瘦小。

3. 防治措施

选用抗病和耐病品种，如农大108等品种；调整玉米播种期，在小麦收获后10～15天播种玉米，避开灰飞虱成虫近飞期，消除田间和地头的杂草；选用吡虫啉、啶虫脒等杀虫剂，防治灰飞虱。

图6-4　玉米粗缩病株

（五）矮花叶病

1. 发生特点

玉米矮花叶病属于媒介昆虫蚜虫传播的病毒病，也可以通过种子传播，昆虫传播对于田间病害发生程度具有关键性作用。矮花叶病一般导致减产5%～10%，重发病田，可造成较大的生产损失甚至近乎绝收。

2. 病害症状

玉米被甘蔗花叶病毒侵染后，幼苗心叶基部脉间首先产生圆形褪绿斑点。随植株长大，褪绿病斑逐渐向全叶扩展，表现为典型的花叶状。有的品种叶片则呈现脉间叶肉变黄，叶片为条纹状。白草花叶病毒侵染后，在叶片上产生较甘蔗花叶病毒引起的褪绿色斑点更小和更细密的斑点。玉米感病越早，植株矮化越显著，严重发病的植株不能抽雄和结实，植株早衰枯死。

3. 防治措施

种植抗病品种；在玉米苗期，及时喷施杀虫剂，控制传毒介体蚜虫，减少毒源传播；调节玉米播期，使玉米苗期避开蚜虫从小麦田向玉米田迁飞的高峰；出苗后及时拔除病苗；控制制种田的矮花叶病，降低种子带毒率。

二、茎部病害

（一）茎腐病

1. 发生特点

玉米茎腐病（青枯病）属于土壤传播病害。秸秆多年连续还田，使土壤中病原菌的群体数量急剧上升，为茎腐病发生创造了基本条件。玉米籽粒灌浆和乳熟阶段经常遇有较强的降雨，雨后暴晴极易诱发茎腐病的发生。在玉米生长后期，病菌从根系或植株连地表组织直接侵染并进入茎节中，导致营养和水分输送受阻，茎秆腐烂。一般年份田间发病株率为5%，在条件适宜发病年份，田间病株率可达20%以上，重病田的发病株率达40%～70%，病株因籽粒灌浆不足而减产。

2. 危害症状

病害发生在玉米茎秆基部节位，由于植株茎秆最下部数个茎节组织被破坏而引发全株性症状。典型症状有两种：

（1）青枯型茎腐病主要由腐霉菌引起。玉米进入乳熟期后，全株叶片突然失去绿色，无光泽，1～2天内迅速变为青灰色并干枯；果穗倒挂；茎基部1～3节外观变褐，内部松软，剖开后可见茎髓组织变褐，髓组织分解，仅剩维管束组织；根系变黑腐烂，失去支撑力。

（2）黄枯型茎腐病主要有镰孢菌引起。植株下部叶片叶脉间出现黄色条纹状褪绿，叶片呈脱肥状发黄，症状逐渐向植株上部发展，并在数日内形成全株叶片黄枯；果穗下垂；茎基部节位外观变褐，内部髓组织分解而使茎节变软；剖开后残存的维管束组织变紫红色；植株根系红褐色，并发生腐烂（图6-5）。

图6-5　玉米黄枯型茎腐病症状

3. 防治措施

选用抗病品种；玉米收获后及时清除田间植株病残体，减少菌源；在玉米生长后期，控制土壤水分，播种时每亩增施硫酸锌3千克，降低植株发病率；采用咯菌腈种子包衣可降低发病株率。

（二）细菌茎基腐病

1. 发生特点

玉米细菌性茎基腐病为经病残体传播的病害，病菌只能存活在土壤表面未腐烂的病残体中。细菌侵染植株后，常在玉米生长前期或中期引起茎节腐烂，导致茎秆折断，造成直接的生产损失。

2. 病害症状

病害常发生于植株茎秆中部，在茎节上产生水浸状腐烂，腐烂部位扩展较快，造成髓组织分解，茎秆因此折断，在发病部位因细菌繁殖快并大量分解组织而产生明显的恶臭味。叶鞘也会受到侵染，但病斑为不规则状，边缘红褐色。环境条件适宜，病菌可以通过叶鞘侵染果穗，在果穗苞叶上产生于叶鞘上相同的病斑（图6-6）。

3. 防治措施

选用抗病品种；在发病初期，及时喷施抗生素，如农用链霉素，农抗120等，用抗生素在播种前浸种，控制种子传播病原菌。

图6-6　茎秆中部感细菌性茎腐病

（三）疯顶病

1. 发病特点

玉米疯顶病属于种子传播和土壤传播病害，是霜霉病的一种。病区一般田间病株率为5%～10%，严重发病地块病株率高达50%以上。95%以上的发病植株不结果穗或果穗畸形不结实，对玉米生产影响很大。

2. 病害症状

病菌在玉米苗期侵染植株，并随植株生长点的生长而到达果穗与雄穗。病株从6～8叶开始显症，叶片畸形，典型症状发生在抽雄后，有多种类型。

（1）雄穗完全畸形全部雄穗异常增生，畸形生长，小花转变为变态小叶，小叶叶柄较长，簇生，使雄穗呈刺头状，为典型的"疯顶"症状。

（2）雄穗部分畸形不能产生正常雄花。

（3）雄穗变为团状花序各个小花密集簇生，花色鲜黄，无花粉。

（4）雄穗完全变异果穗受侵染后发育不良，不抽花丝，苞叶尖变态为小叶并呈45度簇生，严重发病的雄穗内部全为苞叶。

（5）果穗少量结实发病较轻的果穗结实极少且籽粒瘪小。

（6）叶片畸形上部叶和心叶共同扭曲成不规则团状或牛尾巴状，植株不抽雄。

（7）植株上部叶片密集生长，呈现对生状，似君子兰叶片。

（8）植株轻度矮化。

（9）植株矮化并丛生。

（10）植株超高生长有的病株疯长。

3. 防治措施

玉米播种后严格控制土壤湿度，由于玉米5叶期前生长点基本在土层下，因此5叶期前避免浸灌，遇降雨尽快排除积水，积水促使土壤中的病菌形成游动孢子，扩散和侵染；选用35%精甲霜灵种子处理乳剂拌种，58%甲霜灵锰锌可湿性粉剂，64%杀毒矾可湿性粉剂以种子重量的0.4%拌种。

（四）瘤黑粉病

1. 发生特点

玉米瘤黑粉病既是土壤传播病害，又是气流传播病害和种子传播病害，种子传播的作用比较小。瘤黑粉病在全国普遍发生，是玉米生产中的重要病害，近年来呈逐渐加重趋势。主要原因是随着秸秆还田年限的增加，病株上的病菌大量回田，导致土壤中病菌数量剧增，在生长期形成了大量侵染源。由于病菌侵染植株的茎秆、果穗、雄穗、叶片等部位，所形成的瘤体消耗大量的植株养分，瘤体在果穗上发生，可以直接影响结实的籽粒饱满度；在茎秆上发生能够导致植株空秆或籽粒发育不良；在雄穗上发生可以造成雄花不散粉。瘤黑粉病严重时可以造成高达30%～80%的产量损失。

2. 危害症状

瘤黑粉病可以发生在玉米生育期的各个阶段，病菌主要通过伤口侵染植株的所有地上部组织，被侵染的部位产生形状各异、大小不一的肿瘤。膨大的肿瘤组织初为白色或粉色，渐变为灰白色，内部白色，肉质多汁。随着肿瘤的迅速长大，外表逐渐变暗，有时带紫红色，质地变软，内部则有大量黑粉。当外表的薄膜破裂后，散出大量的黑色粉末。在果穗上发生侵染后，整个果穗变为瘤体，或部分籽粒被瘤体替代；在茎秆上发生，瘤体可以在侧方形成，也可以在拔除雄穗的伤口处形成；在雄穗上发生，全部组织为瘤体取代或部分小花被瘤体替代，也能够因雄穗下方茎秆上有瘤体而造成雄花停止发育（图6-7）。病菌也侵染叶片，造成叶片穿孔并产生大量瘤体。

图6-7 玉米瘤黑粉病症状

3. 防治技术

选用抗病品种；减少菌源；药剂防治，在8~10叶期喷施20%三唑酮（粉锈宁）乳油1 000~1 500倍液；用50%福美双可湿性粉剂以种子重量的0.2%拌种。

三、穗部病害

（一）穗腐病

1. 发生特点

玉米穗腐病属于气流传播病害，但病原菌可以存在于土壤中，也可以通过种子携带传播。穗腐病是玉米生产中的重要病害之一，发生十分普遍，特别是西南地区的多雨潮湿天气，更加剧了穗腐病对流区域玉米生产的影响。在玉米灌浆成熟阶段遇到连续阴雨天气，一些品种可以造成大约50%的果穗发生穗腐病，籽粒发生霉烂，严重影响产量和质量。引起穗腐病的一些病原菌黄曲霉、镰孢菌等，能产生对人和畜禽健康严重有害的毒素。

2. 病害症状

（1）轮枝镰孢穗腐病果穗的籽粒表面为粉白色的病原菌丝和分生孢子所覆盖，有时发病籽粒出现紫色，严重时发生籽粒腐烂。

（2）禾谷镰孢穗腐病籽粒被侵染后常常变为紫红色，籽粒腐烂。

（3）青霉穗腐病发病籽粒外部密布绒状，灰色或灰绿色的病菌；掰断果穗，可见穗轴外周呈一灰绿色环带，籽粒茎部组织已为病菌严重侵染，导致籽粒松动，易落粒。

（4）黄曲霉穗腐病在潮湿条件下，发病籽粒上可见黄绿色、松散、棒状或近球状的病原菌孢子梗和孢子，籽粒一般不发生明显的变软腐烂。

（5）黑曲霉穗腐病在籽粒表面长出许多的黑色球状孢子梗和孢子。

（6）木霉穗腐病病菌在果穗苞叶的外面快速生长和扩展，产生大片的绿色菌丝和孢子，同时病菌侵染籽粒并进入穗轴，导致籽粒和穗轴腐烂并遍布绿色的病原菌组织。

（7）黑球孢穗腐病在果穗外部几乎观察不到发病迹象，但籽粒很易从穗轴上脱离。在籽粒和穗轴连接部可以见到黑色的病原菌，穗轴已经干枯、缩小，其上有黑色的病原菌孢子与菌丝。

3．防治措施

选用抗病品种；合理密植，降低田间湿度；生长中期适时追肥，提高植株自身的抗性；防虫控病，虫害造成的伤口是病菌侵染的最好通道，做好药剂防治玉米螟、桃蛀螟等害虫对穗部的为害；果穗成熟后及时收获晾晒，使籽粒尽快脱水，减少病菌生长机会。

（二）丝黑穗病

1．发生特点

玉米丝黑穗病属于土传病害，叶子偶会带菌。是我国春玉米种植区最重要的病害之一。丝黑穗病一般田间发病率为2%～8%，重病田发病率高达60%～70%。直接导致果穗全部被害，发病率几乎等同于损失率，在春季出现低温年份，发病加重。

2．病害症状

病菌侵染种子萌发后产生的胚芽，菌丝进入胚芽顶端分生组织后随生长点生长，但直到穗期才能够在雄穗和果穗上见到典型症状。病株果穗短粗，外观近球形，无花丝，苞叶正常，剥开苞叶可见果穗内部组织已全部变为黑粉，黑粉内有一些丝状的植物维管束组织，因此成为丝黑穗病。在后期，果穗苞叶自行裂开，散出大量黑粉。雄穗受害后主要是整个小花变为黑粉包，抽雄后散出大量黑粉。苗期病原菌侵染，产生分蘖，植株呈灌丛状。

3. 防治措施

选用抗病品种；减少田间菌源；药剂防治，用2%戊唑醇湿拌种剂，以种子重量0.4%进行拌种；15%三唑酮可湿性粉剂，以种子重量0.5%拌种；12.5%烯唑醇可湿性粉剂，以种子重量0.3%拌种。防止土壤中的病菌在玉米种子胚芽伸长期的侵染。

四、生理病害

（一）果穗畸形

1. 症状

发病果穗出现症状：

（1）哑铃穗果穗中部未受精，籽粒完全不发育，果穗似哑铃状（图6-8）。

（2）脚掌穗果穗宽大，穗尖3~4个，似脚掌状。

图6-8　哑铃穗

（3）方形穗果穗下部发育基本正常，上部发育异常，呈扁平状。

2. 发生原因

果穗畸形为偶发现象，哑铃状果穗的形成可能与果穗中部的花丝因某些原因造成的不能够受精有关，其他果穗发生畸形与遗传材料有关。

（二）雄穗结实

1. 症状

在雄穗上长出雌穗结出少量籽粒。

2. 发生原因

这是一种返祖现象，不仅在玉米自交系上会产生，有时在杂交种上也会发生，与环境条件的诱发有关。

（三）多穗

1. 症状

在果穗产生的部位同时生长出多个果穗，由主果穗苞叶叶芽发育而成，似一把香蕉，又称为香蕉穗。

2. 发生原因

多穗产生可能与环境条件的诱发有关，来自南方的材料或有热带血缘的材料，有些年份易发生多穗；与主穗授粉受精不良不结实有关。

（四）顶叶扭曲

1. 症状

玉米在大喇叭口期，顶部数叶不能正常伸展，很紧地卷曲在一起，影响雄穗的及时伸出，又称"牛尾巴"。

2. 发生原因

顶叶不能及时展开是一种在一定条件诱发下的遗传异常现象，在不同玉米材料间有明显的差异，诱发原因不清，可能与土壤水分有关。

第二节　玉米虫害

玉米田间常发虫害有地老虎、蛴螬、蝼蛄、沟金针虫、玉米螟、桃蛀螟、黏虫、棉铃虫、大螟、条螟、斜纹夜蛾、玉米夜蛾、玉米蚜、灰飞虱等。

一、地下害虫

（一）地老虎

1. 发生特点

地老虎属鳞翅目，夜蛾科，有小地老虎、黄地老虎、大地老虎。在我国广泛发生，以沿海、沿湖、沿河及低洼内涝、土壤湿润、杂草多的粮棉混作区发生较重。以幼虫为害作物咬食玉米苗幼茎。小地老虎和黄地老虎1年发生多代，以老熟幼虫在土壤中越冬，大地老虎1年1代，以低龄幼虫在土壤中越冬。

2. 为害症状

夜间地老虎咬断玉米幼苗茎部嫩茎，造成缺苗。

3. 防治措施

（1）物理防治。采用太阳能杀虫灯、性诱捕器，诱杀成虫。

（2）药剂防治。①用50%辛硫磷乳油以种子重量0.3%拌种或以药土比1∶200拌细土，每亩撒施30千克；②毒饵诱杀幼虫糖醋盆诱杀成虫；③用40.7%毒死稗乳油90～120克兑水50～60升，2.5%溴氰菊酯3 000倍液，20%氰戊菊酯3 000倍液，90%美曲膦酯晶体800倍液，于幼虫1～3龄期田间喷施。

（二）蛴螬

1. 发生特点

蛴螬属鞘翅目，金龟子科中金龟子幼虫的统称，别名地狗子，为害玉米等多种作物幼苗，以幼虫在土壤中越冬。

2. 为害症状

蛴螬取食玉米幼苗地下部分组织，啃食萌发的种子，咬断幼苗的根、茎，端口整齐平截，导致幼苗死亡。

3. 防治措施

（1）物理防治采用灯光诱杀成虫。

（2）药剂防治。①药剂拌种用40%辛硫磷乳油1 000毫升加水4～5千克，拌玉米种子30千克；50%辛硫磷乳油500毫升，稀释40倍，拌种200千克。②毒饵诱杀用25%辛硫磷胶悬剂150～200克拌谷子等5千克，或50%辛硫磷乳油50～100克拌饵料3～4千克，撒于玉米田沟中。

（三）蝼蛄

1. 发生特点

蝼蛄属直翅目蝼蛄科，别名土狗子。主要有非洲蝼蛄，在南方发生普遍，东方蝼蛄在全国各地都有发生，以南方较多，杂食性害虫，为害多种作物，2～3年1代，每年春、秋季有2个为害高峰。

2. 为害症状

蝼蛄昼伏夜出，为害各种作物幼苗，在土中咬食萌动的种子，或咬断幼苗的根茎，咬断处呈丝麻状，使幼苗萎蔫而死。温暖湿润，多腐殖质，低洼盐碱地，施未腐熟粪肥的地块蝼蛄为害重。

3. 防治措施

（1）毒饵诱杀。5千克麦麸炒香后加美曲膦酯热溶液10倍液拌匀，每亩施5～8千克，傍晚时撒于田间。

（2）灯光诱杀。用太阳能灯诱捕杀成虫。

二、茎叶害虫

（一）玉米螟

1. 发生特点

玉米螟有亚洲玉米螟和欧洲玉米螟，属鳞翅目，螟蛾科，是玉米的主要害虫，亚洲玉米螟在我国各玉米种植区都有发生，一年发生多代，在玉米各生育期都可以为害玉米植株的地上部分，取食叶片、果穗、钻蛀茎秆，导致减产10%～30%。以4龄以上幼虫在茎秆、穗轴、根茎处越冬。

2. 为害症状

亚洲玉米螟4龄前幼虫在玉米心叶，未抽出的雄穗处取食，被害心叶展开后，可见幼虫为害形成的排孔；雄穗抽出后，呈现小花被毁状。4龄后幼虫以钻蛀茎秆和果穗为害，在茎秆上可见蛀孔，蛀孔外常有幼虫钻蛀取食时的排泄物，被蛀茎秆易折断，不断的茎秆上部叶片和茎秆变紫红色；在果穗中，幼虫取食幼嫩的花丝和籽粒，同时由于籽粒的伤口，常引起或加重穗腐病的发生；被蛀雄穗和果穗穗柄因失水折断。幼虫在茎秆内化蛹。

3. 防治措施

（1）生物防治。在玉米螟产卵高峰期，采用人工释放赤眼蜂，每亩1万头左右；在玉米螟卵孵化阶段，田间喷施Bt可湿性粉剂200倍液。

（2）物理防治。在玉米螟成虫发生期，采用太阳能杀虫灯或性诱剂诱杀成虫，减轻下代玉米螟为害。

（3）药剂防治。在玉米螟低龄幼虫期时，用14%毒死蜱（乐斯本）颗粒剂，3.6%杀虫双颗粒剂，3%丁硫克百威颗粒剂每株1～2克；或福戈（氯虫苯甲酸胺+噻虫嗪），20%氯虫苯甲酰胺（康宽）悬浮剂稀释拌毒土撒施。

（二）桃蛀螟

1. 发生特点

桃蛀螟属鳞翅目，草螟科。寄主广泛，1年2～5代，田间世代重叠严重，以老熟幼虫在玉米秸秆、叶鞘、果穗中作茧越冬，翌年化蛹羽化。成虫有趋光性和糖蜜性。卵多单粒散产在穗上部叶片、花丝及其周围的苞叶上，初卵孵化幼虫多以雄蕊小花、花梗及叶鞘、苞叶部蛀入为害。喜湿，多雨高湿年份发生重。

2. 为害症状

主要为害玉米果穗，以啃食或蛀食籽粒为主，也可钻蛀穗轴、穗柄及茎叶。有群居性，一个果穗上可见多头为害，蛀孔口堆积颗粒状的粪屑。被害果穗较易感染穗腐病。茎秆、果穗柄被蛀后遇风易折断。

3. 防治措施

（1）控制越冬虫源。秸秆粉碎还田，消灭秸秆中的幼虫，减少越冬幼虫基数。

（2）诱杀成虫。在成虫发生期，采用太阳能杀虫灯，诱杀成虫，减轻下代桃蛀螟为害。

（3）药剂防治同玉米螟。

（三）斜纹夜蛾

1. 发生特点

斜纹夜蛾属鳞翅目，夜蛾科。在全国各地均有发生，为

间歇杂食、暴发性食叶害虫，1年4～5代，可为害99科200余种植物，主要为害玉米、棉花、蔬菜等。

2. 为害症状

初龄幼虫主要取食叶肉，在玉米叶片上形成许多网状斑块；大龄幼虫取食叶片后造成明显的不规则缺刻。幼虫也为害玉米的果穗。

3. 防治措施

（1）诱杀成虫。利用成虫有趋光、趋化性，在成虫发生阶段，可用太阳能杀虫灯，糖醋液或杨树枝把诱杀成虫。

（2）药剂防治。幼虫在3龄前，应及时喷药防治，可用10%虫螨腈悬浮剂，50%辛硫磷乳油1 500倍液，15%草虫净乳油1 500倍液，2.5%溴氰菊酯乳油3 000倍液等。4龄幼虫具有夜间为害特性，施药宜在傍晚进行。

（3）保护天敌。斜纹夜蛾的天敌种类较多，如瓢虫、蜘蛛、寄生蜂及捕食性昆虫等。

（四）玉米夜蛾

1. 发生特点

玉米夜蛾，又名甜菜夜蛾，玉米小夜蛾，属鳞翅目，夜蛾科。是广布全国的杂食性害虫，可为害玉米、高粱、甜菜等170多种植物。

2. 为害症状

幼虫可将玉米叶片吃成空洞或缺刻，严重时将叶片吃光，仅剩下叶柄、叶脉，造成玉米减产。

3. 防治方法

（1）物理防治。太阳能杀虫灯诱杀成虫。

（2）药剂防治。用20%杀灭菊酯乳油2 000倍液，50%抑太保乳油3500倍液，20%灭幼脲1号胶悬剂1 000倍液，2.5%高效氟氯氰菊酯乳油2 000倍液。

（3）生物防治。可选用每克含孢子100亿以上的杀螟杆菌或青虫菌粉500～700倍液，或用10万单位的Bt乳剂100～200倍液喷施防治。

（五）棉铃虫

1. 发生特点

棉铃虫，也叫青虫、棉桃虫，属鳞翅目，夜蛾科。1年发生3～7代，以蛹在土壤中越冬。是世界性大害虫，我国各地均有发生，食性杂，寄主种类多，为害200多种植物，近几年为害玉米呈加重趋势。幼虫主要钻蛀玉米果穗，也取食叶片，取食量明显较玉米螟大。

2. 为害症状

1～2龄幼虫主要取食花丝、果穗、雄穗及叶片；3龄后开始对果穗钻蛀，蛀食籽粒，在果穗上形成孔洞。幼虫有转株为害的习性。

3. 防治方法

（1）控制越冬虫源。秋收后，进行土壤深松，杀灭大量在土壤中越冬的蛹，减少越冬虫源基数。

（2）物理防治。各代棉铃虫成虫盛发期，用太阳能杀虫灯，杨树枝把诱杀成虫。

（3）生物防治。在棉铃虫卵盛期，人工饲养释放赤眼蜂或草蛉，可在卵盛期喷施每毫升含100亿个以上孢子的Bt乳剂100倍液。

（4）药剂防治。可在幼虫3龄以前，用75%拉维因3000倍液，每亩用35%硫丹乳油100～130毫升兑水喷雾，5%氟铃脲

乳油1 000倍液，24%美满悬浮剂2 500倍液。

（六）灰飞虱

1. 发生特点

灰飞虱属同翅目，飞虱科。广泛分布于全国各地，在长江中下游地区1年5～6代，以3～4龄若虫在麦田及禾本科杂草上越冬，翌年早春羽化，在越冬寄主上继续繁殖为害。5月下旬至6月上旬，形成迁飞高峰，迁飞到玉米植株上为害，并传播黑条矮缩病毒，引起玉米粗缩病。成虫有趋光性及趋向禾本科杂草和生长嫩绿茂密玉米田的习性，异常向田边聚集。春播玉米田、套播田、早播夏玉米田、杂草丛生的田、靠近荒地的田块虫害和粗缩病发生严重。

2. 为害症状

一般群聚与玉米心叶中以口器刺吸玉米汁液。灰飞虱主要是传播玉米粗缩病毒的媒介，其传毒所造成的损失远远大于直接刺吸为害。目前生产上种植的玉米大部分品种高感粗缩病，一旦传毒介体增多，就会促进该病发生流行，造成更大产量损失，灰飞虱一经染毒，可终身带毒传染。

3. 防治方法

（1）清洁田园。玉米出苗前，及时清除田边、沟边的杂草，破坏灰飞虱适宜的栖息场所。可用40%毒死蜱40毫升加20%百草枯50毫升加水15千克喷雾除草。

（2）种子包衣。用内吸杀虫剂或噻虫嗪包衣剂对玉米种子进行拌种或包衣，对玉米苗期灰飞虱有一定防效。

（3）药剂防治。可选用10%吡虫啉可湿性粉剂1 500倍液或25%吡蚜酮可湿性粉剂1.5克/亩叶面喷雾杀虫，间隔7～10天再喷一次。

参 考 文 献

[1] 范慕韩. 世界经济统计摘要[M]. 北京：人民出版社，1985.

[2] 《当代中国》丛书编辑委员会. 当代中国的农作物业[M]. 北京：中国社会科学出版社，1988.

[3] 中华人民共和国国家统计局. 中国统计年鉴2014[M]. 北京:中国统计出版社，2014：176-190.

[4] 翟雪玲，张雯丽，李冉. 未来10年中国棉花发展趋势分析[J]. 农业展望，2014（8）：8-11.

[5] 崔巍平，何伦志，张岩岗. 世界棉花生产、进出口和消费对中国棉花生产的实证分析[J]. 世界农业，2014（5）：106-110.

[6] 李鹏程，黄合林，毛树春. 世界棉花生产现状及施肥水平[J]. 世界农业，2014（4）：19-22.

[7] 王力，贾娟琪，汪海霞. 我国棉花市场蛛网效益影响分析及对策研究[J]. 中国棉花，2013（2），3-9.

[8] 陈萌山. 中国棉花产业发展有关问题研究——在中国棉花学会2014年年会上的报告[J]. 中国棉花，2014（4）：38-43.

[9] 赵军华，黄飞. 近期中国农产品贸易特点与展望[J]. 农业展望，2014（11）：63-66.

[10]《湖北农村统计年鉴》编辑委员会. 湖北农村统计年鉴2014[M]. 北京：中国统计出版社，2014.

[11] 高广金等. 玉米栽培实用新技术[M]. 武汉：湖北科学技术出版社，2010.

[12] 农业部农产品贸易办公室. 2011中国农产品贸易发展报告[M]. 北京：中国农业出版社，2011.

[13] 农业部农产品贸易办公室. 2013中国农产品贸易发展报告[M]. 北京：中国农业出版社，2013.

[14] 农业部种植业管理司. 主要农作物起源与发展[M]. 北京：中国农业出版社，2003.

[15] 高广金. 杂交玉米地膜覆盖栽培技术[M]. 北京：中国农业出版社，1990.

[16] 全国农业技术推广服务中心. 全国玉米高产创建配套栽培技术规程[M]. 北京：中国农业出版社，2008.

[17] 高广金. 一年农时农事农技早知道[M]. 武汉：湖北科学技术出版社，2007.

[18] 金城谦. 玉米生产机械化技术[M]. 北京：中国农业出版社，2011.

[19] 高广金，秦慧豹，董新国. 鲜食玉米栽培与加工技术[M]. 武汉：湖北科学技术出版社，2009.

[20] 李少昆，谢瑞芝，赖军臣，等. 玉米抗逆减灾栽培[M]. 北京：金盾出版社，2013.

[21] 王晓鸣，石洁，晋其鸣，等. 玉米病虫害田间手册[M]. 北京：中国农业科学技术出版社，2010.